JN168384

情報処理入門

学士力のための
IT基礎スキル

（Windows 10/Office 2016）

深井 裕二 著

コロナ社

ま　え　が　き

今日の社会は情報化を基盤としつつ，さまざまな発展を遂げている。情報化がもたらす恩恵は仕事や生活など広範囲な場面で得られ，また迅速かつ便利なものが多い。そして，これからも情報化がさらに発展し続けることはごく自然なものとして予想できる。かつてだれもが，未来生活を描いたSFのようなシーンを見たことと思う。そこでは生活環境が自動化され人々が豊かに生きる場面があり，その様子を一言でいうなら「優雅」ではなかっただろうか。そして十分に技術進歩を遂げている現在，一言でいうとしたら何であろうか。

情報化社会をいくつかの視点で眺めて言葉で表現するとしたら，まず挙げられるのが「便利」という言葉だろう。モバイル化された情報通信技術の活用によって，どこでもなんでもできるようになってきた。つぎに「高度」も有力ではないだろうか。高度な技術とそれを応用する高度な活動によって物も人も高度に進んできた。さらにもう一つ言葉を挙げるとしたら「複雑」はいかがだろう。複雑さが意味するものは，扱うことの苦労や思わぬ盲点そしてややこしい関係や深刻な問題点などである。

今日およびこれからの情報化社会をこうして見てみると，人が優雅に構えていればいいわけではない。便利さを使いこなす知恵や経験，高度さに追従する学習や理解，複雑さに対処できる思考や配慮といったいくつかの能力すなわちスキルが必要であると感じられる。もしそれらのスキルを使わなくてもいいとしたら，それは情報化の恩恵を放棄し何事も手作業で行い多くを求めないといったスタイルになる。しかしこのスタイルは社会に適合せず，仕事でも人とのコミュニケーションでも情報を扱うスキルは必要なのである。

わが国の方針においてIT（Information Technology）化は強く推進され，それは自ずとIT教育の重要性につながっている。近年の大学教育において重視されている「学士力」の養成は，社会が期待し要求する人材形成が目的である。そのスキルは知識・理解，汎用的技能，自己管理力，統合的な学習経験と創造的思考力を主軸とするものである。特に汎用的技能，統合力，思考力，態度などは情報スキルにかかわる要素である。このような中で情報化によって生活に役立ちかつ社会から求められるスキル要素を身につけることは個人の利益と発展に必須であろう。また，周囲の社会人はだれもがIT基礎スキルを身につけているのが当たり前の社会となってきた。IT基礎スキルの習得には学士力レベルの情報処理の学習や社会で標準的に使用される情報ツールを用いた学習が適している。

本書は，業界標準あるいは一般的に浸透している情報ツールとしてのWindows 10とOffice 2016に対応した各種の情報基礎スキル習得のための学習書である。本書がカバーする内容は，パソコン（PC）の基本操作，インターネットでの情報収集，文書構造の作成，表計算によるデータ処理，プレゼンテーションにおける資料作成と発表法などである。これらは授業の教科書としても個人の予習復習資料としても活用できる。また，個人の経験度やレベル，分野などにかかわらず広く共通的に理解し習得できるようにシンプルな文章内容としている。IT初心者の方には一から迷わず学習体験してもらい，またPCスキルの高い方であってもむらのない知識と技能習得を心がけスキルを洗練させてほしい。そして，情報ツールの操作などによる汎用的能力，複数の情報ツール活用による情報と作業の統合力，データ処理や文書表現における論理的思考力，情報を伝える表現力や態度といった高度な情報スキル＝学士力情報スキルを高めていただけることを期待する。

2015年12月

深井　裕二

目　　　次

1. PC と Windows の基本操作

2. Web ブラウザと Web 検索

3. Word ― 基本操作 ―

4. Word ― 段落の構成 ―

5. Word ― 段落の書式設定 ―

6. Word — 図表とページ設定 —

7. Excel — 数式と算術関数 —

8. Excel — 相対参照と絶対参照 —

9. Excel ― フィルターと並べ替え ―

10. Excel ― グラフ ―

11. Excel — データ処理と関数の活用 —

12. PowerPoint — 基礎知識 —

13. PowerPoint — 図表の活用 —

14. PowerPoint — スライドの構成 —

15. PowerPoint — 発表 —

1

PC と Windows の基本操作

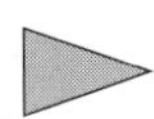

1.1　PC とネットワーク接続

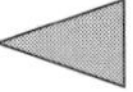

1.1.1　PC の起動・停止とトラブル対処

図 1.1 のように PC の電源を ON にすると，システムの起動処理が行われ Windows が使用できる状態となる。また，PC の停止はおもに**図 1.2** のような流れとなる。

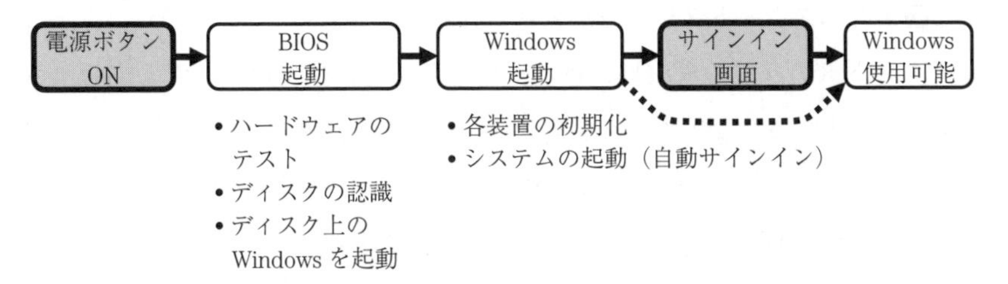

図 1.1　PC の起動の流れ

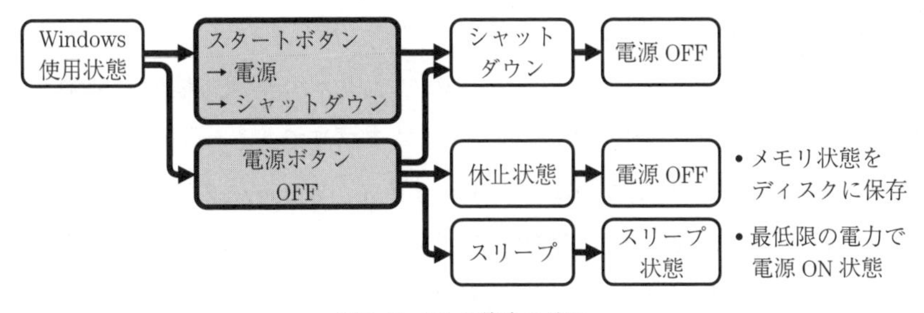

図 1.2　PC の停止の流れ

PC の電源ボタンを ON にすると，まず **BIOS**（Basic Input/Output System）あるいは **UEFI**（Unified Extensible Firmware Interface）という PC の基本的な制御システムが動作する。この状態は黒い画面背景であることが多く，メモリやディスクの認識などが行われている。その後，ディスク内に格納されている Windows が起動を開始する。もし Windows 起動中の画面が表示されず，BIOS の状態で停止したり英語メッセージによるエラーが表示されたりするような場合は，ディスクあるいは PC が故障している可能性が考えられる。

Windows 起動中はディスク装置が頻繁に読み書きされるので，ディスク内容を正常に保つために起動中の電源切断などは避け，電源を切る際は可能な限り Windows の操作ができる状態になってから図 1.2 の手順で停止させるのがよい。Windows が起動するとユーザー名（ユーザー ID）とパスワードを入力するサインイン画面が表示される。パスワードが正しければ認証が成功し，Windows が自由に操作できる状態となる。

Windows の操作画面では，画面左下にあるスタートボタン をクリックすると**図 1.3** のスタートメニューが表示される。

スタートメニューの最上部にはユーザー名（この例ではユーザー名は user である）が表示されたアイコンがあり，これをクリックしてサインアウトすることができる。会社の PC などで一時的に席を離れる際などは，セキュリティおよびマナーの面でもサインアウトしておくのがよい。

スタートメニューの右側にはアプリ一覧がタイル状に並んだスタート画面がある。スタートメニュー項目には「エクスプローラー」,「設定」,「電源」,「すべてのアプリ」などの基本項目がある。

「エクスプローラー」はディスク内のファイルの整理，検索，削除，コピー，名前変更といったファイル管理をするアプリである。「設定」では各種装置，各種機能，ネットワーク，セキュリティ，Windows の自動更新などのさまざまなシステムの設定管理を行う。「電源」→「シャットダウン」を選択すると PC の電源停止まで自動的に行われる。

電源ボタン OFF による動作にはシャットダウン，休止状態，スリープなど

図1.3　スタートボタンクリック時のスタートメニュー

があり，これらはWindowsの「スタートボタン」→右クリック→「電源オプション」→「電源ボタンの動作を選択する」で変更できる。休止状態やスリープは使用中のアプリを起動状態のまま中断でき，あとで作業を再開できる。

トラブルが発生したとき，それがアプリの動作などの場合はそのアプリやWindowsを再起動すると改善することがある。しかし，故障や異常など重大なトラブルが発生したときは，あとで説明できるように状況をよく見ておくのがよい。そして，可能であれば編集中の文書ファイルなどを保存して，**図1.4**のような手順で対処するとよい。

自己解決できないか，あるいは故障らしいと思ったら専用の対応窓口などに相談や連絡するのがよい。なお，PCやWindows，各アプリの製造企業ではWeb上でサポート情報を公開していることが多く，自らの情報収集によって対応することは問題解決力やITスキルの向上にもつながる。

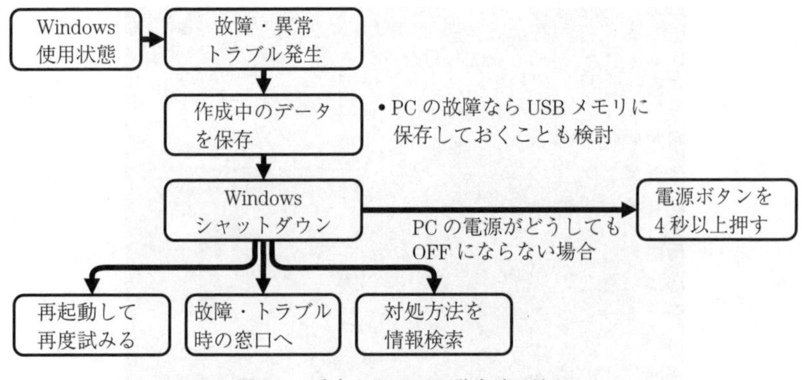

図 1.4　重大なトラブル発生時の流れ

トラブル対応（トラブルシューティング）で大切なことは，自分が理解している操作である程度の試行錯誤はよいが，根拠なくむやみに操作するのは望ましくない。また，以下のように症状を正確に把握しておくことが重要である。

- **何の操作中にどのような現象が起きたか整理する。**
- **表示されたメッセージ内容を正しく覚える。必要ならば記録する。**
- **これらの状況を相談相手に正しい用語で要領よく伝える。**

人に相談する際，単に「おかしい」，「出ない」，「動かない」，「つながらない」といっても何のことか相手も具体的にわからない。正確な状況把握と的確な表現や行動は，情報処理におけるコミュニケーション力，表現力，判断力といった IT スキルである。このようなコミュニケーションのためには，つぎのことについて日頃から意識するとよい。

- **適切な日本語**
- **正確な専門用語**
- **何がどうしてどうなったか，どうしてほしいのか，5 W 1 H など**

1.1.2　有線 LAN と無線 LAN の切り替え

特にノート PC では有線と無線の両方の LAN（Local Area Network）機能を搭載している場合がある。LAN 機能に問題があるとインターネット接続や

Webアクセスなどに支障が生ずる。学校や職場において，アクセス対象によっては有線と無線の使い分けを要する場合もある。無線LANは設定を済ませておけば以後自動的に接続し，有線LANはLANケーブルをつなぐと接続を開始する。

通常，有線LAN接続は無線LAN接続より優先され，電力消費を抑えるために無線LANが自動切断される。LANケーブルをつないでも有線で接続されない場合や無線LANを切断するときは**図1.5**および**図1.6**の手順で行う。

有線LANが接続されない場合

- LANケーブルのプラグが確実につながれていない。
  ➡ 一度抜いて「カチッ」というまで確実に接続する。
- LANケーブルやポートの問題
  ➡ 他のLANケーブルに換えてみる。
  ➡ 他の接続ポートに接続してみる。
- ネットワークの問題
  ➡ 他のPCは接続できているか比べてみる。

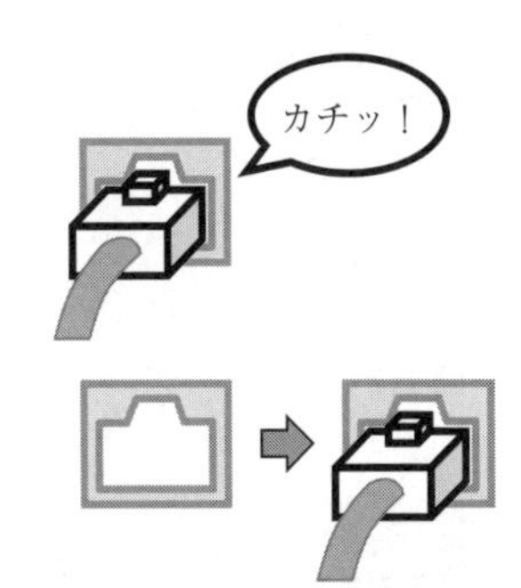

図1.5　有線LANの接続トラブル

無線LANを無効にする方法

- 「スタートボタン」→「設定」→「ネットワークとインターネット」→「Wi-Fi」→オフにする。
- ワイヤレススイッチをオフにする。

（例）　Fn ＋ (アンテナ) キー，　Fn ＋ (共有) キー

図1.6　無線LANの無効化

1.1.3　自動更新と設定

Windowsは，問題修正や安全向上のために更新プログラムを自動的にインターネットからダウンロードしてインストールしている。自動更新時の再起動によってPCが操作できない状態になる場合があり，学校や職場で作業の妨げ

となることもある。対策として，「スタートボタン」→「設定」→「更新とセキュリティ」→「Windows Update」→「詳細オプション」で「自動」から「再起動の日時を設定するように通知する」に変更し，再起動を支障のない時間帯に行うこともできる。(**図 1.7**，**図 1.8**)

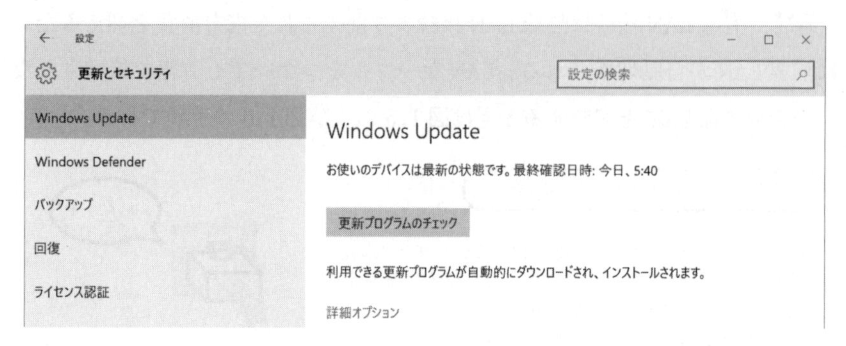

図 1.7　「スタート」→「設定」→「更新とセキュリティ」→「Windows Update」画面

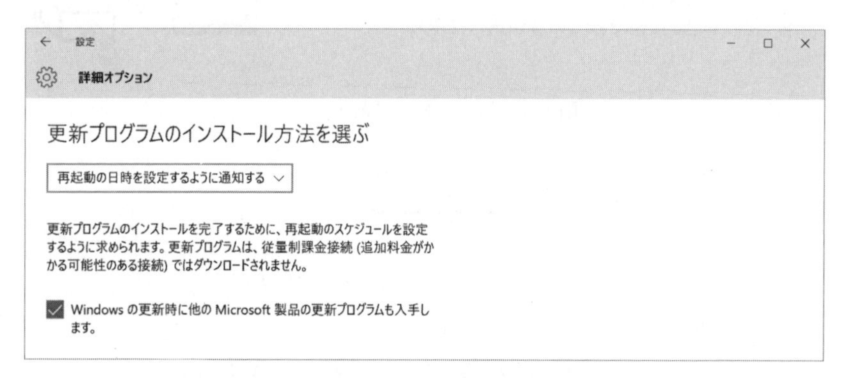

図 1.8　「Windows Update」→「詳細オプション」画面

図 1.9 は PC 運用において自動更新にかかわるポイントである。以下に自動更新の注意点と対策例を挙げる。これらを理解しておき，PC 操作ができなくなる状況に気をつけるとよい。

【注意点】

- **更新プログラムのダウンロードは自動的に行われる。この間 PC 操作は可**

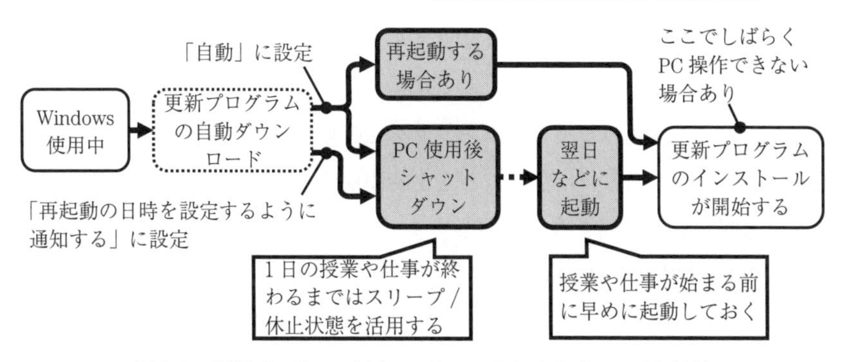

図 1.9　更新プログラムがインストールされるタイミングと対策

能である。

- **更新プログラムのインストールは，バックグラウンドで行われるものと再起動時 / 起動時に行われるものがある。**
- **再起動時 / 起動時にインストールが実行されると，しばらく PC 操作ができない場合がある。これは授業や仕事に支障を与える。**
- **更新プログラムのインストールによって PC 操作ができない状況は，再起動の前後，シャットダウン直前，起動直後に起こり得る。**

【対策例】

- **PC の起動は早めに行う習慣をつける。**
- **なるべく毎日インターネット接続することで，更新プログラムを溜（た）めないようにする（溜めると 30 分以上かかるケースもある）。**
- **再起動前後で自動的に開始される更新プログラムのインストールを避けるために，スリープ / 休止状態を活用し，シャットダウン / 再起動は授業や仕事が終わってから行う（「スタート」→右クリック→「電源オプション」→「電源ボタンの動作を選択する」→「カバーを閉じたときの動作の選択」を活用する）。**

なお，長期間 Windows Update の更新をしないと，セキュリティなどの安全性にかかわる重要な更新がなされず望ましくない。起動時の長時間の処理を避けるためにも，更新プログラムを溜めないよう PC を毎日のようにインターネット接続させるのがよい。これはウィルス対策ソフトについてもいえることである。

例として，季節休みなどでしばらくその PC を使っていなかったならば，授業や仕事の前日，あるいは少なくとも 1 時間前までにはインターネットに接続して情報閲覧など時間を有効利用しつつ，Windows Update の更新を行うなど事前準備や予防的行動が有効である。

シャットダウン直前に更新プログラムのインストールが行われるようであれば，次回起動時にもインストールの続きが行われる可能性が高い。その際はシャットダウン後に一度起動してインストール処理を完了させておくと，次回起動時にはすぐに Windows が操作できるようになる。

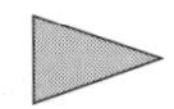

1.2 アプリの起動

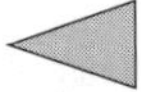

1.2.1 スタートメニュー

アプリを起動する際は「スタートボタン」→「すべてのアプリ」でアプリ一覧から選択できる。**図 1.10** は Word を選択して起動するところである。「すべてのアプリ」ではアルファベット順などで整理されているので，アプリをインストールする際は間違ったソフトウェア名で思い込みしないようにする。

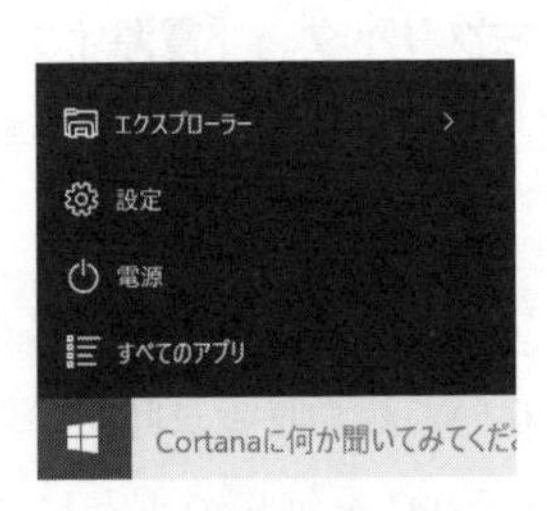

図 1.10　アプリの起動（「スタート」→「すべてのアプリ」）

1.2.2 アプリの検索

アプリの別の探し方としてWindowsには汎用的な検索機能がある。

図1.11は，スタートボタン右にある検索ボックスにて，Wordを検索するために「wo」と入力した状態である。すると検索ボックス上の検索結果一覧にWordが表示され，ここからクリックして起動することができる。

また，この検索例ではアプリの「ワードパッド」やWeb上での「wo」で始まるおもな検索結果が表示されている。

図1.11　「検索ボックス」によるアプリの検索

1.2.3 アプリのピン留め

頻繁に使用するアプリを素早く起動するために，スタート画面や画面最下部のタスクバーにアイコンを登録することができる。

図1.12はアプリのWordをタスクバーに登録する例である。図の上のように「スタートボタン」→「すべてのアプリ」からWordを探し，Wordの右ク

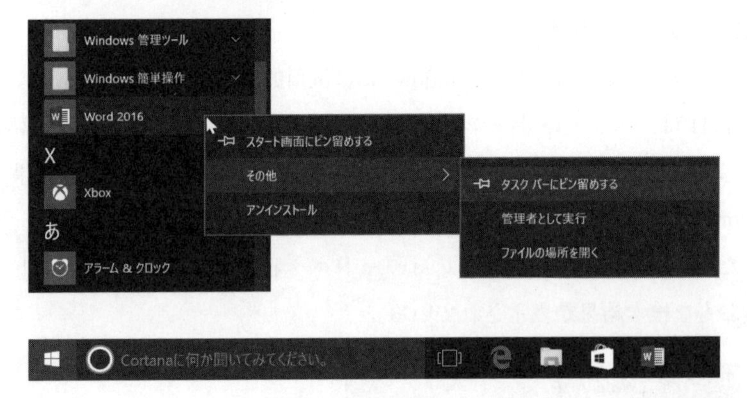

図 1.12　アプリのタスクバーへのピン留め（右クリック→「タスクバーにピン留めする」）

リック→「その他」→「タスクバーにピン留めする」を選択する。すると，下のようにタスクバーの右端に Word の起動アイコンがピン留めされた状態（そこにずっと表示される状態）となる。以後，このアイコンをクリックして Word が起動できるようになる。

なお，タスクバーから取り除く際は，右クリックして「タスクバーからピン留めを外す」を選択すればよい。

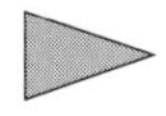

1.3　エクスプローラーの操作と設定

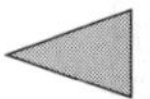

1.3.1　ドキュメントフォルダーの活用

ファイルを保存する際は「フォルダー」を作成して整理するとよい。フォルダーとはファイルを格納するための場所であり，フォルダー内にはさらにフォルダーを作成することができ，全体としてツリー構造（木構造）でディスクにファイルシステムを形成している。

複数のファイルをまとめて USB メモリにコピーするような場合も，ファイルの入ったフォルダーごとコピーすれば操作もやりやすい。また，フォルダーごと別のフォルダー内に移動させることもでき，自由なファイル整理ができる。

ファイルやフォルダー操作には Windows 標準アプリの「エクスプローラー」

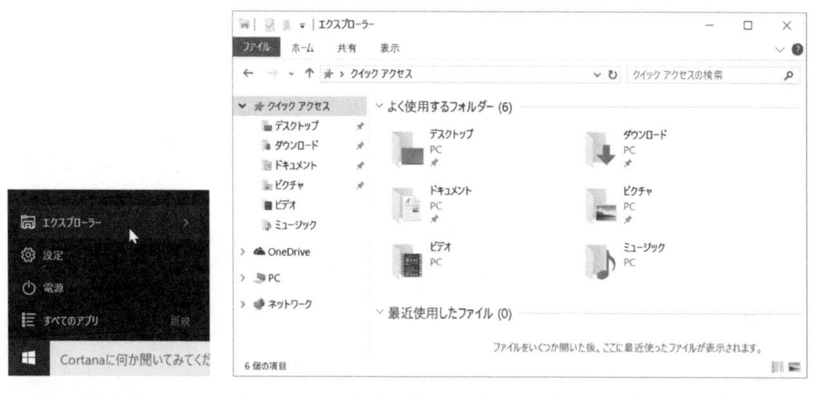

図 1.13 エクスプローラーの起動 「スタート」→「エクスプローラー」

を使う。これは**図 1.13** のように「スタート」ボタン→「エクスプローラー」で起動する。

Windowsのフォルダーには，システムやアプリの格納場所として多くのフォルダーがすでに作られている。例えば，おもにユーザーが自由にファイル保存したりフォルダー作成したりする場所として「ドキュメント」フォルダーが用意されている。ここにまとめておけばファイルの保存場所が明確になり，またファイルの参照，バックアップ，コピー作業なども素早く行える。

図 1.14 は「ドキュメント」フォルダー内でのフォルダー作成例である。エクスプローラーの画面構成は，左画面にフォルダー名が並び，どれかクリックするとそのフォルダー内容が右画面に表示される。そのとき画面上部のアドレスバーにフォルダーの現在位置が表示される。この例では「PC ›ドキュメント」となっている。

いま，左画面で「ドキュメント」フォルダーを選択し，右画面に表示されるフォルダー内容の余白部分で右クリック→「新規作成」→「フォルダー」で作成する。

そして，**図 1.15** のようにフォルダー名を編集し「Word 練習」に名前変更している。この例ではさらに「レシピのショートカット」,「旅行計画」といったフォルダーを「ドキュメント」内に追加作成している。

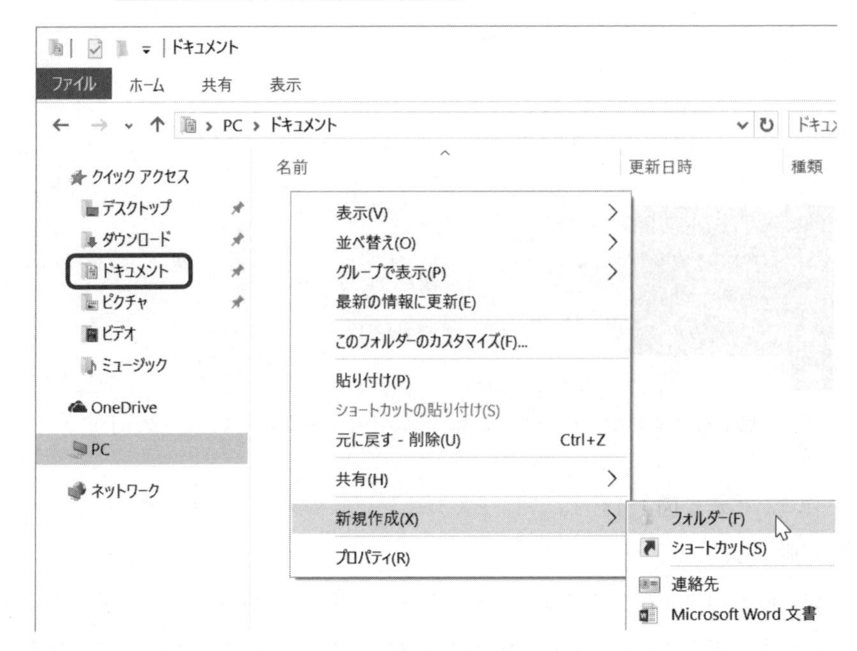

図 1.14　フォルダーの新規作成（画面右側余白を右クリック）

図 1.15　フォルダーに名前を付けて整理する

このようにしてフォルダーを作成し，以後ファイル保存時はフォルダーに振り分けて整理するとよい。

1.3.2 ファイル名拡張子の表示

ファイル名拡張子は，ファイルの種類を表すものであるが通常は非表示となっている。これを表示に変更するには，**図 1.16** のようにエクスプローラーの「表示」タブ→「ファイル名拡張子」にチェックを入れておく。

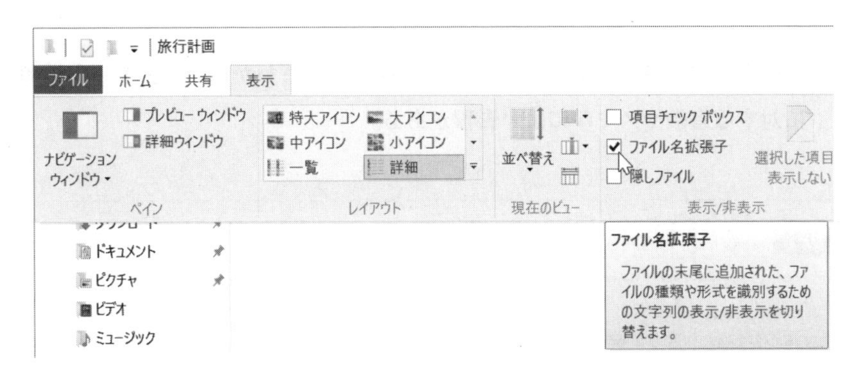

図 1.16　ファイル名拡張子の表示 / 非表示

拡張子が表示されるようになると，**図 1.17** のように拡張子付きの本来のファイル名が表示され，拡張子によってファイルの種類や形式がわかる。代表的な拡張子として「.txt」はメモ帳などのテキストファイル形式，「.docx」「.xlsx」「.pptx」はそれぞれ Word，Excel，PowerPoint の文書ファイル形式である。また，「.exe」はアプリの実行プログラムであり，そのファイルを開くとそのプログラム自身が実行される。

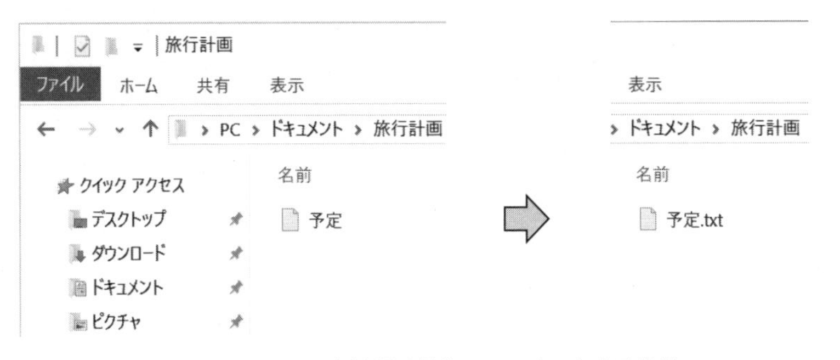

図 1.17　ファイル名拡張子付きのファイル名表示状態

ファイル名拡張子に関するポイントを以下にまとめる。

- **ファイルをダブルクリックしたとき，どのアプリが起動するかは拡張子の種類に従って行われる。**
- **拡張子を勝手に消したり変更したりすると，予期せぬ事態になる恐れがある。**
- **拡張子が表示されていると何のファイルなのかがわかり，ファイルの種類に対する意識やスキルによい影響がある。**

図 1.18　ファイル検索機能

- **ウィルスなどのマルウェア（悪意のソフトウェア）には拡張子を偽装するものがある。例えば「連絡事項.txt.exe」は，拡張子を非表示にしていると「連絡事項.txt」と見えるので，テキストファイルだと思って開くとマルウェアが実行される。それらに対する警戒力や危機回避力につながる。**

1.3.3　ファイルの検索

エクスプローラーには便利なファイル検索機能がある。**図 1.18** の検索例は，まず「ドキュメント」フォルダーに入り，つぎに右上の検索ボックスに「グルメ」と入力したところである。すると，ファイル名およびファイル内容に「グルメ」を含むファイルが「ドキュメント」以下から検索される。さらに，ファイルの右クリック→「ファイル名の場所を開く」で場所を突き止めることが可能である。

2
Webブラウザと Web 検索

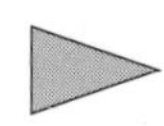

2.1　Edge ブラウザの操作と活用

2.1.1　インターネットアクセスと Web ブラウザ

インターネットへの接続は，家庭であれば事前にインターネットプロバイダへの加入と通信機器の設置が必要となる。学校や職場では有線あるいは無線 LAN に接続すればインターネットへアクセスできる環境が多い。

Windows には Web サイト閲覧用アプリ（Web ブラウザ）として Microsoft Edge が標準搭載されている。起動する際は，**図 2.1** のタスクバー上で Edge のアイコンをクリックする。

図 2.1　タスクバー上の Edge 起動アイコン

図 2.2 は Edge の画面における各種ボタンであり，以下に簡単に説明する。

- **「読み取りビュー」はニュース文章などが読みやすいシンプルなレイアウトになる。**
- **「お気に入りまたはリーディングリストに追加」は頻繁に見るページのお気に入りへの追加や，あとで閲覧するページのリーディングリストへの追加を行う。**
- **「ハブ」はお気に入り，リーディングリスト，履歴，ダウンロードなどが**

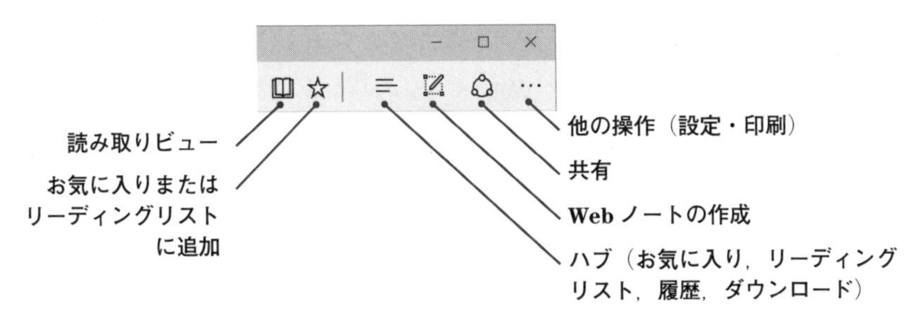

図2.2　Edgeのボタン類

参照できる。

- 「**Webノートの作成**」はページにマークや書き込みを行い画像ファイルとして保存する。
- 「**共有**」はメールなど対応アプリにページのリンクを転送する。
- 「**他の操作**」には，拡大，検索，印刷，設定などの機能がある。

2.1.2　お気に入り・履歴・Webノート・リーディングリスト

お気に入りは，頻繁に見るWebを登録しておく機能である。**図2.3**のように，「お気に入りまたはリーディングリストに追加」ボタン→「お気に入り」で「追加」すると，表示中のWebページのリンクが追加され，以後「ハブ」

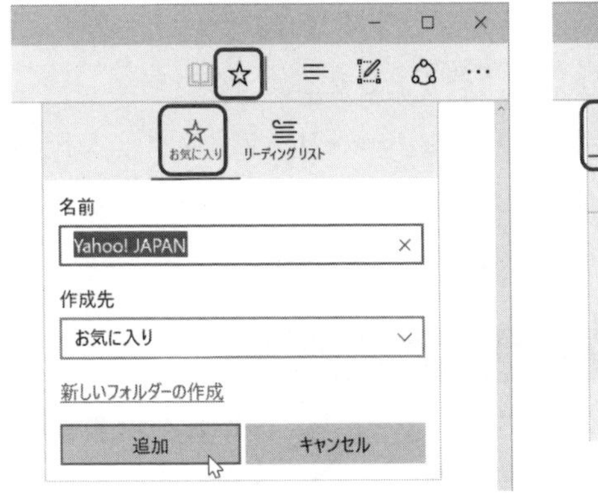

（a）　お気に入りの追加

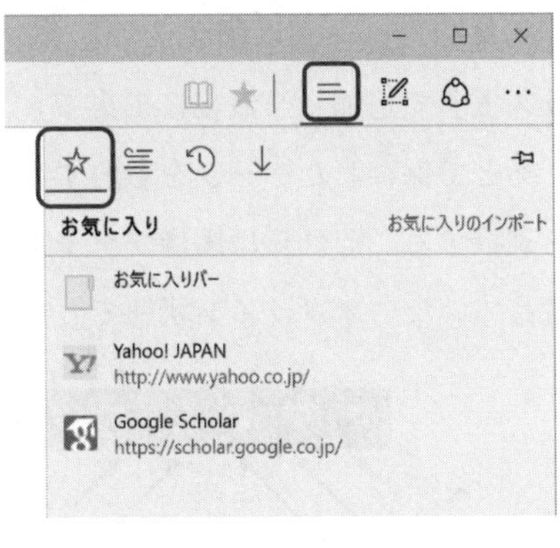

（b）　お気に入りの閲覧

図2.3　Edgeのお気に入り機能

→「お気に入り」から選択して Web 閲覧ができるようになる。

履歴は，過去にアクセスした Web ページのリンクを記録したものである。**図 2.4** の「ハブ」→「履歴」によって見ることができる。

図 2.4　Edge の履歴機能

Web ノートは，Web ページにマークやコメントなどを書き込んで画像ファイルとして保存する機能である。Edge の「Web ノート」ボタンで編集モードとなり，**図 2.5** のような編集ボタンが表示される。Web ノートの編集モードでは，現在表示されている Web ページ上に**図 2.6** のような各種編集が行える。

編集したページは**図 2.7** のように「Web ノートの保存」→「リーディングリスト」で追加し，最後に編集モードを「終了」させる。

あとで保存したページを参照するには「ハブ」→「リーディングリスト」から選択する。それらは画像ファイルとして保存されており，インターネット接続していないオフライン状態でも参照できる。

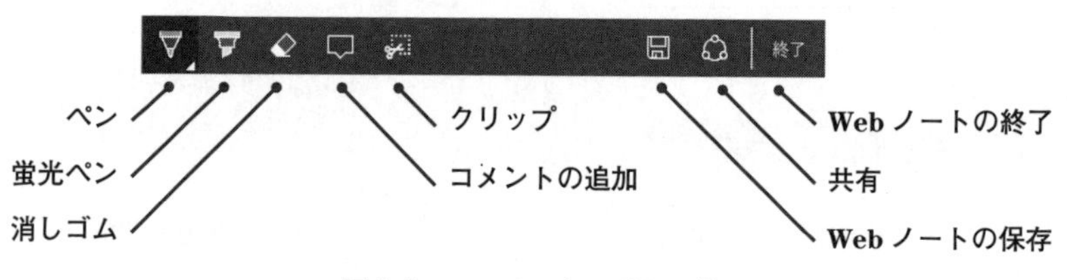

図 2.5　Web ノートのボタン類

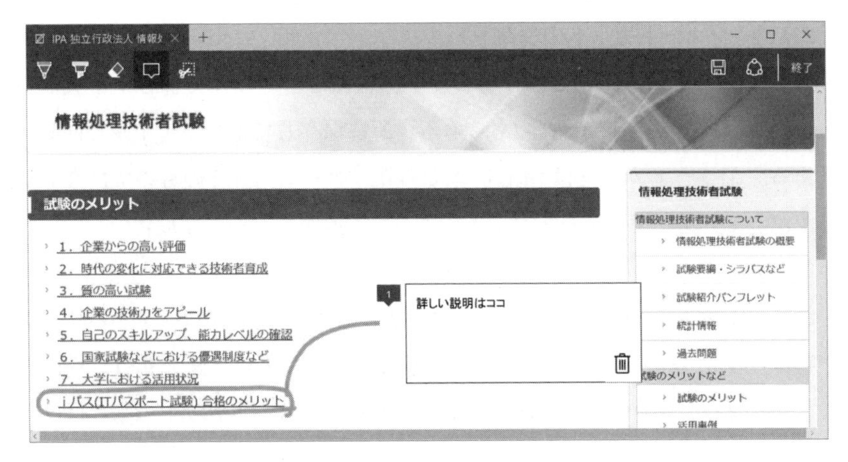

図 2.6 Web ノートによる編集
情報処理推進機構（IPA）:「情報処理技術者試験　試験のメリット」，
http://www.jitec.ipa.go.jp/1_08gaiyou/merit.html を参照（2015.9.5）

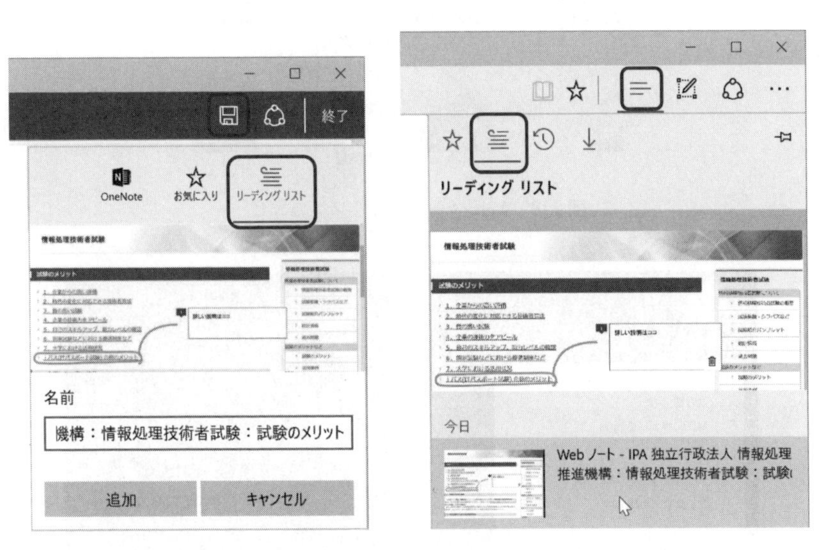

（a）保　存　　　（b）閲　覧

図 2.7 Web ノートの保存とリーディングリストによる閲覧

2.1.3 ショートカットの保存

ショートカットは，Web ページのリンク情報をファイルで保存する機能である。ショートカットは PC のあらゆる場所に保存して他のファイルと同等に扱える。ショートカットは URL 情報であり，ページ内容そのものではない。したがって，あとでショートカットによって参照するページは最新のページ内容となる。

ショートカットの作成手順は，まず**図 2.8** のように Web ページ上のリンクを右クリック→「リンクのコピー」を選択する。つぎに，**図 2.9** のようにデスクトップなど保存したい場所で右クリック→「ショートカットの貼り付け」

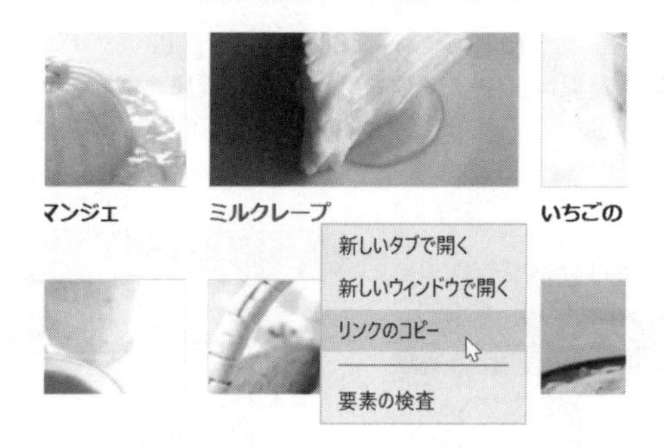

図 2.8　Web ページ上のリンクのコピー

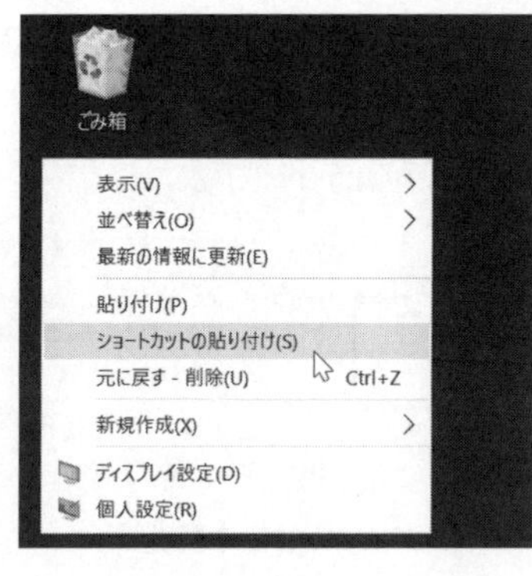

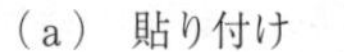

（a） 貼り付け

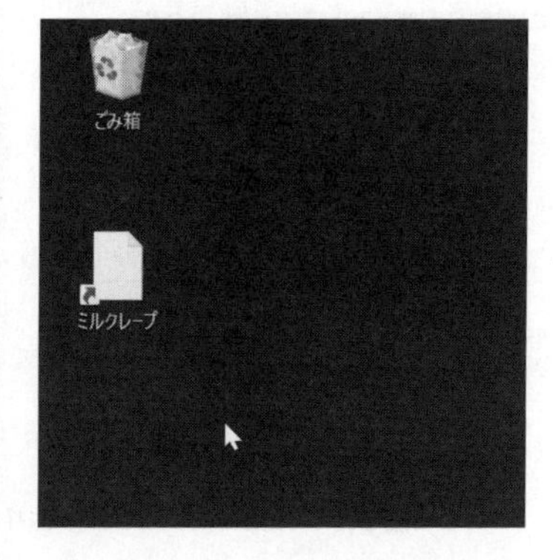

（b） ショートカットアイコン

図 2.9　コピーしたリンクをショートカットで貼り付ける

を選択するとアイコンが作成される。このショートカットアイコンをダブルクリックすればWebページにアクセスできる。

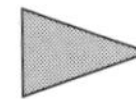 2.2 情報検索と文献検索 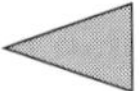

2.2.1 検索サイトとキーワード検索

インターネットの代表的な検索サイトには以下のようなものがある。

- **Yahoo! JAPAN** **http://www.yahoo.co.jp/**
- **Google** **https://www.google.co.jp/**
- **Bing** **https://www.bing.com/**

これらの検索サイトでは，キーワードによってWebページが検索できる。しくみは，検索エンジンというシステムによって，自動的にインターネット上を巡回して得た情報から索引情報を構築しておくことで素早い検索処理が行われるというものである。検索結果は関連性の高い順に表示されるようランキングが計算されている。

Web検索は膨大な情報源から目的情報を探し出す作業であり，検索指示の的確さと効率が重要となる。具体的な名称や一般的な語句を用いること，また複数のキーワードによって検索結果を絞り込むのが一般的である。

キーワード検索では，より効率的な問い合わせのために**表2.1**のような検索演算子の機能がある。

例えば，「著作権　特許　違い」というように三つのキーワードを空白区切りで指定すると，AND検索となり三つのキーワードすべてを含むページが検索対象となる。また，「情報　モラル　–教育」と指定すると同様にAND検索

表2.1 検索演算子の例

機能	意味	演算子の文法	使用例
AND検索	すべて含む	単語　単語　…	Windows　ファイル操作
NOT検索	含まない	単語　–除外する単語	タブレットPC　–価格
フレーズ検索	空白含む完全な一致	"単語　単語　…"	"Word and Excel"

であるが，うち一つがNOT検索となり「情報　モラル」を含み，かつ「教育」を含まないページが検索対象となる。

2.2.2　Scholar と OPAC

Google Scholar は学術資料専用の検索サイトであり，検索対象が学術専門誌，論文，書籍，記事などに限定されるので学習や研究における情報収集に役立つ。

- **Google Scholar**　　　　　**https://scholar.google.co.jp/**

OPAC（Online Public Access Catalog）は図書目録システムとして，多くの公共図書館や大学図書館で導入され，図書館の膨大な蔵書に対してタイトルや

図 2.10　OPAC 図書検索システムの例

著者名などのキーワード検索によって図書を探すことができる。OPACのシステムはWebブラウザでアクセスし，画面構成などは導入している機関によって異なる場合があるが，基本的に書籍名や著者名などで検索可能である。

図2.10はOPAC画面の例である。この例は，検索キーワードとして「Excel入門」で検索して，いくつかの本がヒットした状態である。検索結果の各情報はつぎのような意味である。

- **「配架場所」 … 本を所蔵している場所**
- **「請求番号」 … 本の背に貼られたラベルの記載番号**
  （この例の「請求番号」の「007.63」の部分は本のジャンル等を表す分類番号である。）
- **「登録番号」 … 図書館における本の管理番号**
- **「状態」 … 「貸出中」など現在の図書の貸し出し状態**

これらの情報をもとに図書館から本を見つけることができる。

2.3 情　報　倫　理

2.3.1 著作権と引用

インターネット上に現在公開されている情報はその作成者による著作物であり，無断で複製などができないように著作権が法律で保護されている。Webページ内の文言，発言，画像などは複製，転載などを無断で行ってはならないものと考えたほうがよい。なお，著作権法ではつぎのような場合の複製や使用を認めている。

- **自分や家族など限られた範囲での私的利用のための複製**
- **自分の著作物への正当な範囲内における他人の著作物の引用**

ただし私的利用であっても，音声や映像が違法に公開されたコンテンツと知りながらダウンロード（ファイルとして保存）する行為は違法である。

引用は著作者の許諾なしに著作物を利用することができるが，引用する際は説明上必要となる最低限の分量を用いて空行や括弧などで引用箇所を明確にする。さらに，以下のように著作者名，タイトル，情報源となる書籍や URL，日付等を書き添える（出典の記載）。学校や職場で自分が作成したレポート，資料，プレゼンテーションなどを他者へ見せる際は適切に引用する必要がある。

● 引用の出典記述例

> （例）　**情報処理推進機構（IPA）:「情報処理推進機構　情報セキュリティ」，http://www.ipa.go.jp/security/index.html 参照（2015/9/5）**
>
> （例）　**消費者庁 :「個人情報の保護　個人情報保護に関する法体系イメージ」，http://www.caa.go.jp/planning/kojin/pdf/houtaikei.pdf 参照（2015/9/5）**

2.3.2　個人情報と暗号化通信

情報化社会では個人情報の保護が重要事項である。サービスの提供側は個人情報に対して不必要な利用や外部への漏えいが行われることなく体制を整えている。個人情報を扱う企業などは「プライバシーステートメント」と呼ばれる個人情報保護方針の声明を Web ページ上に記載しており，内容は個人情報の収集や保存，それらの目的や個人への対応についてなどである。

一方，利用者である個人としては個人情報を入力，送信する Web が安全であるか注意すべきである。**図 2.11** は Web 通信が暗号化されている状態である。暗号化通信が有効な状態は URL が https:// で始まる Web アクセスであり，Web ブラウザの URL バーに「鍵」のアイコンが表示される。また，その Web がよく知られている企業であるか，URL のドメイン名（例：google.com）を確認することも安全対策である。情報の送信は個人の責任による行為であるから，個人情報を入力する必要があるのかよく考えた上で行うべきである。

暗号化通信が必要となる情報内容としては，個人情報，パスワード，クレジットカード番号など秘匿情報が含まれることが多い。これらを管理するのは自己責任であるから，パスワードを書いた紙を人目に触れるところに置いたり，他人に伝えたりしないよう慎重になるべきである。逆に他人のパスワード

Google：「Gmail」，https://mail.google.com/mail/ 参照（2015.9.5）

図 2.11　暗号化された Web 通信

を取得する行為は不正アクセス禁止法の違反となる。

また，パスワードは自分自身しか知らない情報であり，忘れたから教えてもらえるということは通常ない。その際は手続きによってパスワードの再発行などを申請することとなる。パスワードは自己責任においてしっかり暗記することが基本である。パスワードは桁数が長いほど，また大文字，小文字，数字，記号などの異なる文字種を含めることで強度が高まり，解読等が困難となる。

2.3.3　情報発信における留意事項

インターネット上に情報発信するケースとしては，自分で作成した Web ページ，自分の発言が第三者に閲覧される掲示板やブログなどがある。また，複数の相手に対するメール送信なども情報発信としての性質を持つ。情報発信で注意すべき事項として以下のようなものが挙げられる。うっかり気づかないで発信してしまわないように十分確認してから発信するのがよい。

- **著作権を侵害していないか。**
- **他人の個人情報を記載していないか。**

- **他人のプライバシーを侵害していないか。**
- **他人の誹謗中傷をしていないか。**
- **相手にとって不愉快な表現をしていないか。**
- **不適切な言葉を使用していないか。**
- **デマや虚偽の内容を記載していないか。**

著作権を侵害しないことや適切な情報発信などの行為は，倫理，モラル，あるいは態度といった情報スキルとなる。

3
Word ― 基本操作 ―

3.1　キーボード入力

3.1.1　ホームポジション

キーボードの指の使い方は，**図 3.1** のように各指の担当するキーに従ってタイプするのが基本である。待機中は左手が「A」，「S」，「D」，「F」，右手が「J」，「K」，「L」，「；」のキーに指を置いておく。この基本位置を**ホームポジション**という。

図 3.1　キーボードの指の担当とホームポジション

3.1.2　特殊記号の名称とローマ字入力

キーボードの特殊記号の名称は **JIS**（Japan Industrial Standard）規格でも決まっているが，一般的に通用している呼び方がいくつかある。**表 3.1** および

表 3.2 は一般的な呼び方の例であり，これ以外の呼び方もある。なお「#」はシャープと呼ぶこともあるが，正しいシャープ文字は「♯」で微妙に異なる。

日本語入力にはカナ入力とローマ字入力があり，**表 3.3** にローマ字変換例を示す。

表 3.1　特殊記号の呼び方の例

!	エクスクラメーション	#	いげた	$	ドルマーク	%	パーセント
&	アンパサンド	|	縦線	¥	円マーク	@	アットマーク
"	ダブルクォート	'	シングルクォート	`	バッククォート	?	クエスチョンマーク
;	セミコロン	:	コロン	,	カンマ	.	ドット
~	チルダ	^	キャロット	-	ハイフン	_	アンダーライン
=	イコール	+	プラス	*	アスタリスク	/	スラッシュ
(	左小括弧	)	右小括弧	{	左中括弧	}	右中括弧
[	左大括弧	]	右大括弧	<	より小	>	より大

表 3.2　その他のキーの表記と呼び方の例

Ctrl	コントロール	Alt	オルト
Shift	シフト	Caps Lock	キャップスロック
Esc	エスケープ	Tab	タブ
NumLk	ナンバーロック	ScrLk	スクロールロック
Pause	ポーズ	Break	ブレイク
PrtSc	プリントスクリーン	SysRq	システムリクエスト
Del	デリート	Ins	インサート
⏎	エンター	←	バックスペース
Fn	ファンクション	⊞	Windows キー

表 3.3 ローマ字変換例

あ A	い I	う U	え E	お O	か Ka	き Ki	く Ku	け Ke	こ Ko
さ Sa	し Si	す Su	せ Se	そ So	た Ta	ち Ti	つ Tu	て Te	と To
な Na	に Ni	ぬ Nu	ね Ne	の No	は Ha	ひ Hi	ふ Hu	へ He	ほ Ho
ま Ma	み Mi	む Mu	め Me	も Mo	や Ya	ゐ Wyi	ゆ Yu	ゑ Wye	よ Yo
ら Ra	り Ri	る Ru	れ Re	ろ Ro	わ Wa	を Wo	ん Nn		
が Ga	ぎ Gi	ぐ Gu	げ Ge	ご Go	ざ Za	じ Zi	ず Zu	ぜ Ze	ぞ Zo
だ Da	ぢ Di	づ Du	で De	ど Do	ば Ba	び Bi	ぶ Bu	べ Be	ぼ Bo
ぱ Pa	ぴ Pi	ぷ Pu	ぺ Pe	ぽ Po	ぁ La	ぃ Li	ぅ Lu	ぇ Le	ぉ Lo
うぁ Wha	うぃ Wi	うぇ We	うぉ Who		ゃ Lya	ゅ Lyu	ょ Lyo	っ Ltu	
きゃ Kya	きぃ Kyi	きゅ Kyu	きぇ Kye	きょ Kyo	ぎゃ Gya	ぎぃ Gyi	ぎゅ Gyu	ぎぇ Gye	ぎょ Gyo
くぁ Qa	くぃ Qi	くぅ Qwu	くぇ Qe	くぉ Qo	ぐぁ Gwa	ぐぃ Gwi	ぐぅ Gwu	ぐぇ Gwe	ぐぉ Gwo
しゃ Sya	しぃ Syi	しゅ Syu	しぇ Sye	しょ Syo	じゃ Jya	じぃ Jyi	じゅ Jyu	じぇ Jye	じょ Jyo
すぁ Swa	すぃ Swi	すぅ Swu	すぇ Swe	すぉ Swo	ちゃ Cya	ちぃ Cyi	ちゅ Cyu	ちぇ Cye	ちょ Cyo
ぢゃ Dya	ぢぃ Dyi	ぢゅ Dyu	ぢぇ Dye	ぢょ Dyo	つぁ Tsa	つぃ Tsi	つぇ Tse	つぉ Tso	
てゃ Tha	てぃ Thi	てゅ Thu	てぇ The	てょ Tho	でゃ Dha	でぃ Dhi	でゅ Dhu	でぇ Dhe	でょ Dho
とぁ Twa	とぃ Twi	とぅ Twu	とぇ Twe	とぉ Two	どぁ Dwa	どぃ Dwi	どぅ Dwu	どぇ Dwe	どぉ Dwo
にゃ Nya	にぃ Nyi	にゅ Nyu	にぇ Nye	にょ Nyo	ひゃ HYa	ひぃ Hyi	ひゅ Hyu	ひぇ Hye	ひょ Hyo
びゃ Bya	びぃ Byi	びゅ Byu	びぇ Bye	びょ Byo	ふぁ Fwa	ふぃ Fwi	ふぅ Fwu	ふぇ Fwe	ふぉ Fwo
ふゃ Fya	ふぃ Fyi	ふゅ Fyu	ふぇ Fye	ふょ Fyo	みゃ Mya	みぃ Myi	みゅ Myu	みぇ Mye	みょ Myo
りゃ Rya	りぃ Ryi	りゅ Ryu	りぇ Rye	りょ Ryo	ヴぁ Va	ヴぃ Vi	ヴ Vu	ヴぇ Ve	ヴぉ Vo

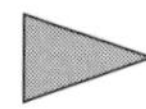 3.2 基本操作とリボンユーザーインターフェース 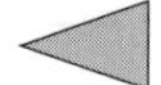

3.2.1 リ　ボ　ン

Wordを起動して各種操作を行うには，**図3.2**のリボン**ユーザーインターフェース**（User Interface，UI）を使う。各機能はメニューに分類されており，メニュータブを選択するとリボンに関連機能が表示される。各ボタン類は，マウスカーソルを置くとツールヒントによって名称と説明が表示される。

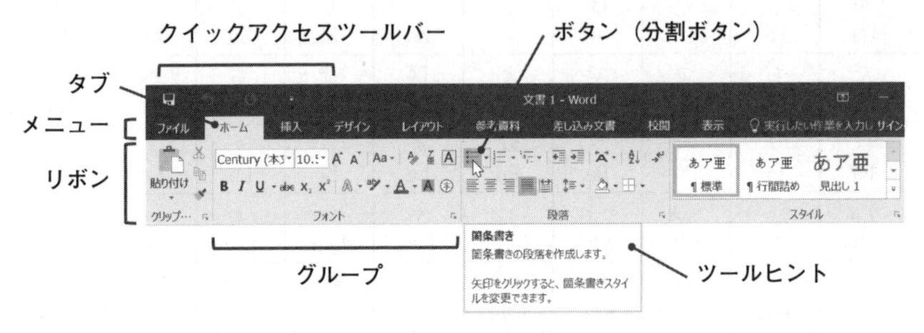

図3.2　リボンユーザーインターフェース

3.2.2 コピー操作と元に戻す操作

まず覚えておきたい機能として**図3.3**の「コピー」，「切り取り」，「貼り付け」がある。また，操作をキャンセルする「元に戻す」や「繰り返し」も重要である。これらはCtrlキーによる素早い操作も覚えておきたい。

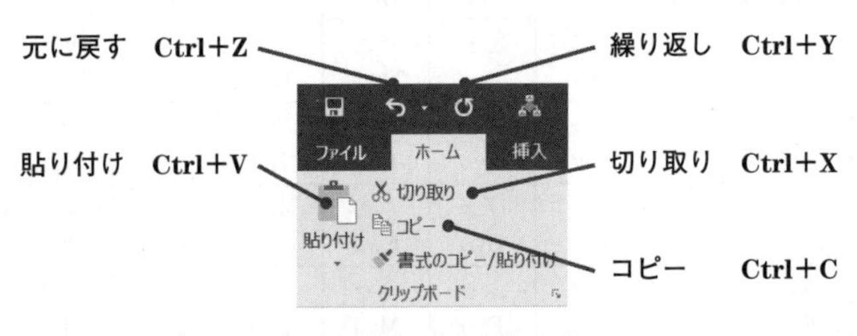

図3.3　基本的な編集操作

3.2.3 ファイルの保存

作成したWord文書を保存するには，**図3.4**のように「ファイル」→「名前を付けて保存」→「参照」で保存先の画面を表示させる。つぎに，「PC」→「ドキュメント」などの保存先フォルダーを選択し，ファイル名を入力して「保存」ボタンをクリックする。

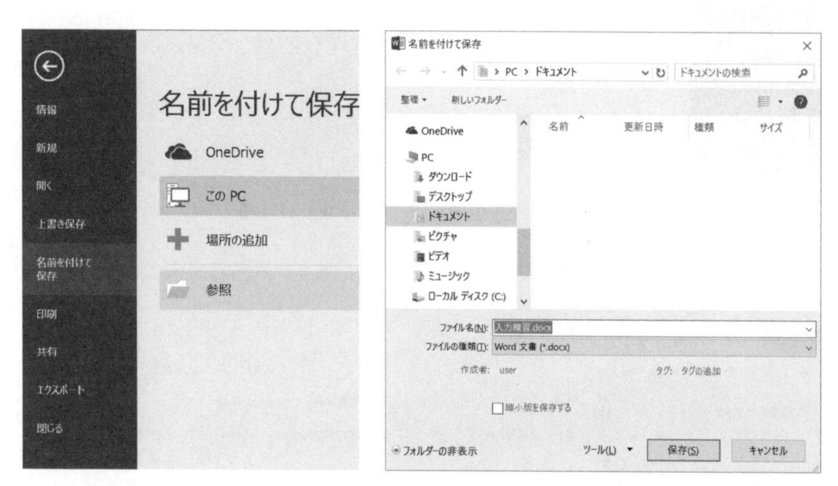

図3.4 ファイルの保存 （「ファイル」→「名前を付けて保存」→「参照」）

一度名前を付けたファイルを編集して再度保存するときは「ファイル」→「上書き保存」，あるいは編集中にCtrl + Sキーによっていつでも素早く保存できる。

3.2.4 ファイルを開く

保存済みのWordのファイルを開くには，Word起動直後の画面において「最近使ったファイル」から選択するか，**図3.5**の「ファイル」→「開く」によって「最近使ったアイテム」や「参照」から対象のファイルを開く。またWordを起動せず，**図3.6**や**図3.7**のようにエクスプローラーでWordの文書ファイル（拡張子が.docxのファイル）のアイコンをダブルクリックするか，あるいは右クリック→「開く」によって直接開いてもよい。

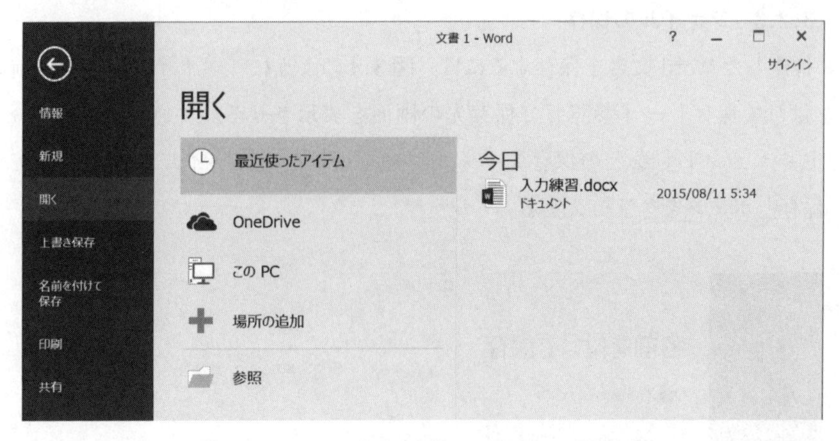

図 3.5　ファイルを開く（「ファイル」→「開く」）

図 3.6　エクスプローラー（詳細表示）からファイルを開く

図 3.7　エクスプローラー（アイコン表示）からファイルを開く

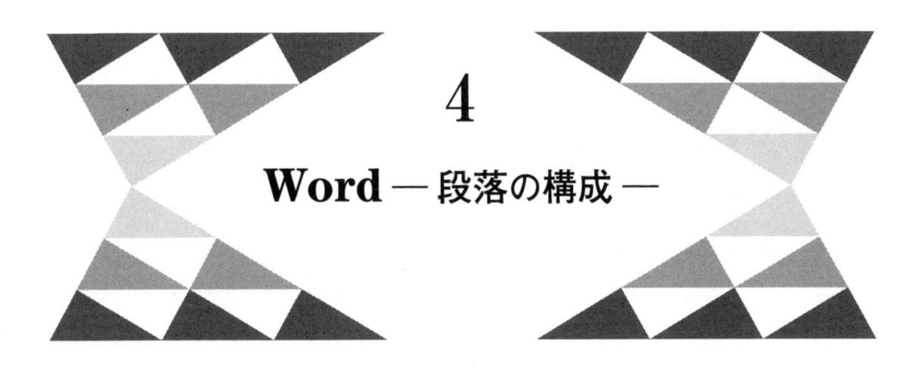

4 Word ― 段落の構成 ―

4.1 箇条書き

4.1.1 箇条書きの適用

箇条書きは文章を簡潔にまとめて要点を素早く読み取れるようにした文章形式である。**図4.1**のように対象の段落を選択しておき「ホーム」→「段落」→「箇条書き」をクリックすると，**図4.2**のように箇条書きが適用される。

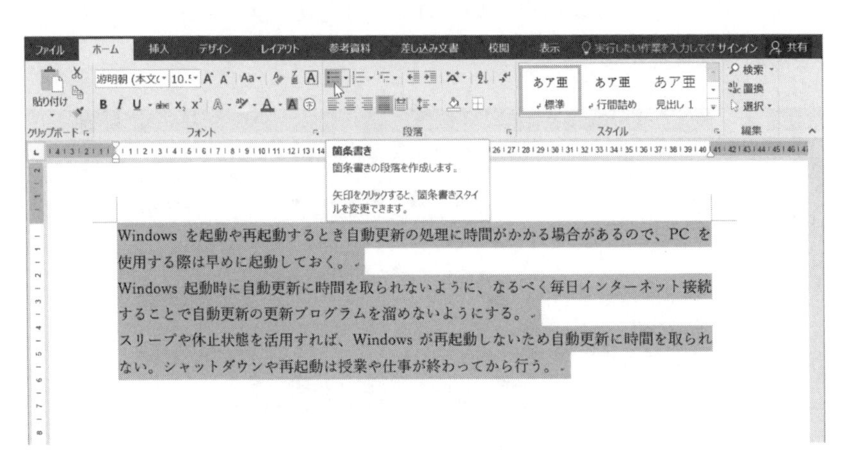

図4.1　箇条書き（「ホーム」→「段落」→「箇条書き」）

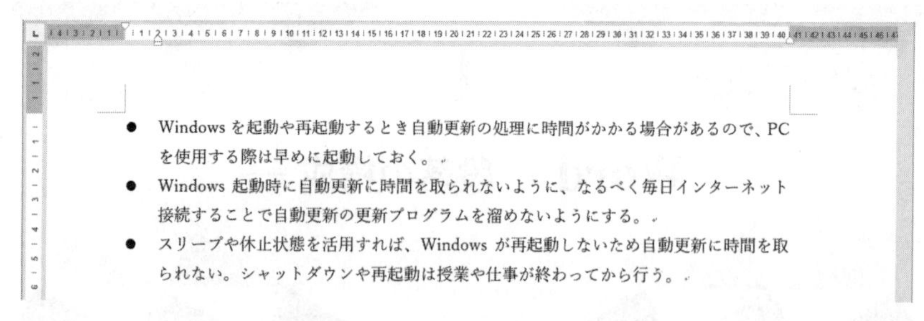

図 4.2　箇条書きが適用された段落

4.1.2　行頭文字の変更

箇条書きが適用された段落には行頭文字が自動的に表示される。行頭文字は任意の記号文字や画像などに変更できる。

行頭文字の変更は，**図 4.3** のように「ホーム」→「段落」→「行頭文字」ボタン右側の矢印ボタンをクリックして行頭文字の種類が選択できる。また，**図 4.4** のように「行頭文字」→「新しい行頭文字の定義」によってさまざまな記号が選択可能である。「新しい行頭文字の定義」ウィンドウの各ボタンはつぎのような機能である。

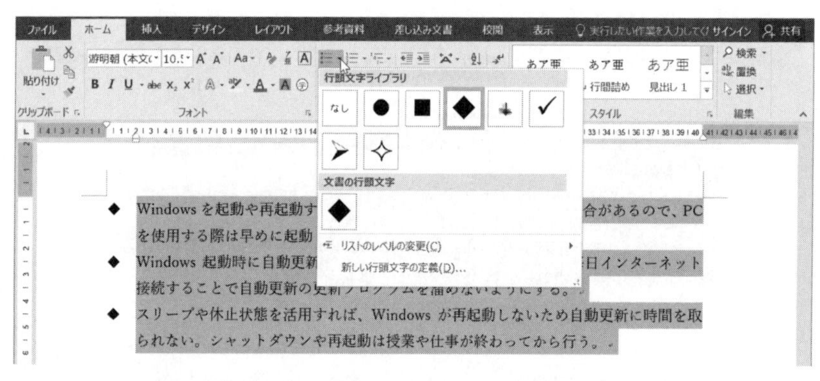

図 4.3　行頭文字の変更（「ホーム」→「段落」→「行頭文字」右側矢印ボタン）

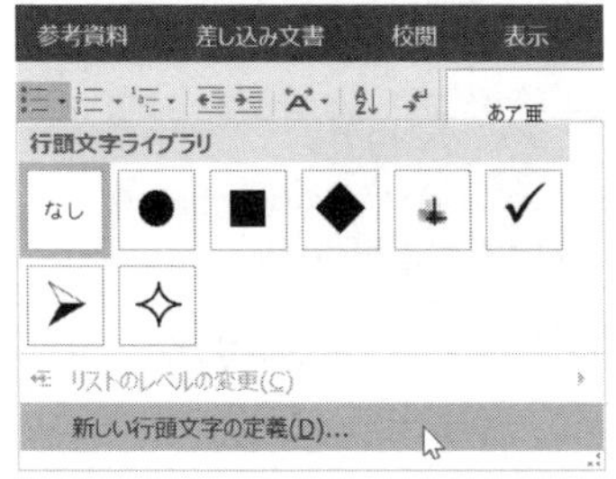

（a）行頭文字の定義

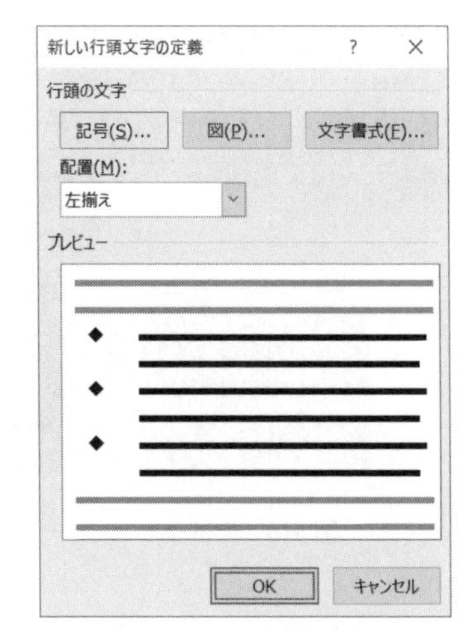

（b）定義内容の設定

図 4.4　行頭文字の詳細設定（「行頭文字」→「新しい行頭文字の定義」）

- **「記号」　…　行頭文字を記号や特殊文字から選ぶ。**
- **「図」　…　行頭文字を画像ファイルから選ぶ。**
- **「文字書式」　…　行頭文字のフォント，文字色などの書式設定を行う。**

4.2 段　落　番　号

4.2.1　段落番号の適用

段落番号は，箇条書きの行頭，文字を連番の記号（1，2，3，…，①，②，③，…，ア，イ，ウ，…，A，B，C，…など）にしたものである。段落番号を適用するには対象の段落を選択しておき，**図 4.5** のように「ホーム」→「段落」→「段落番号」をクリックする。

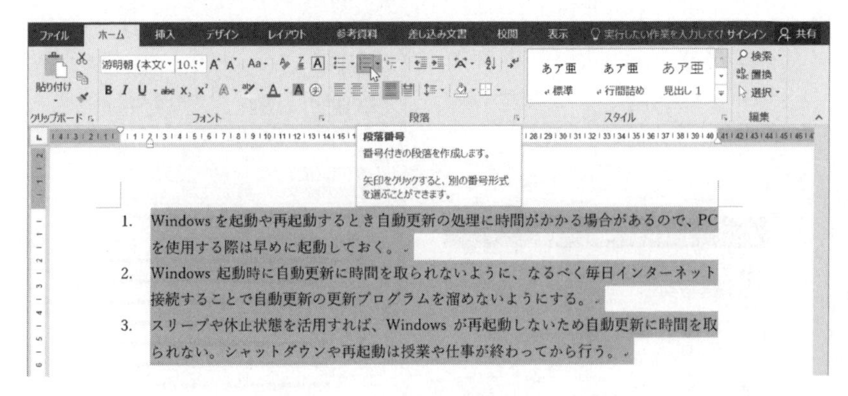

図 4.5　段落番号（「ホーム」→「段落」→「段落番号」）

4.2.2　番号の変更と付け直し

行頭番号の種類変更は，**図 4.6** のように「ホーム」→「段落」→「段落番号」ボタン右側の矢印ボタンをクリックしてさまざまな種類が選択できる。また，メニューの「新しい番号書式の定義」によって詳細な種類選択や文字フォントの設定などができる。

行頭番号は自動的に連続した番号あるいは記号となるが，指定した段落から任意の番号に付け直すことができる。

番号の付け直しは，**図 4.7** のように本文中の段落番号の記号で右クリック→「番号の設定」で「開始番号」を設定する。この例は段落番号の「②」に対して開始番号を「⑤」に変更したところである。

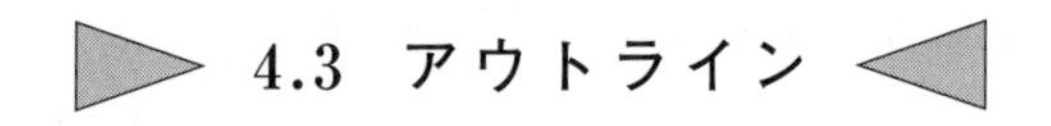

4.3　アウトライン

4.3.1　アウトラインの適用

アウトライン機能は，章立てによる文章構造を作るものであり，細分化された構造の段落番号を付けて，見出し，箇条書き，本文などを記述することができる。

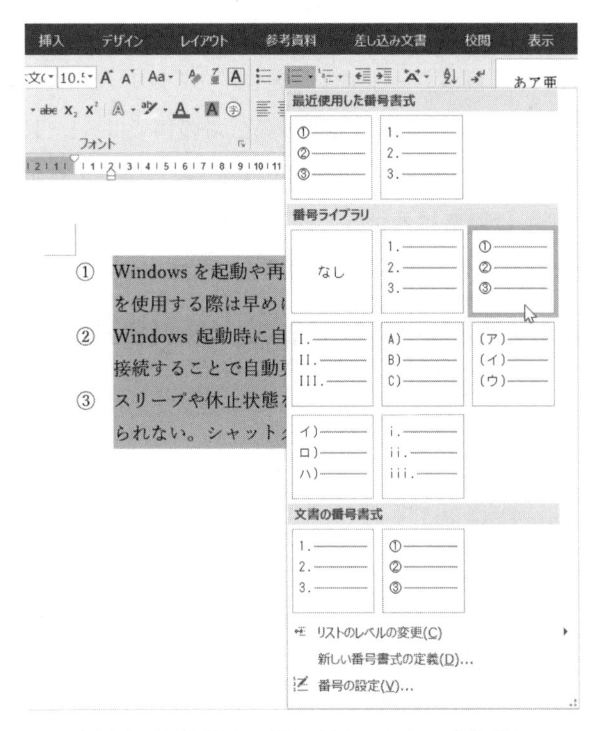

図 4.6　段落番号の変更（「ホーム」→「段落」→「段落番号」右側矢印ボタン）

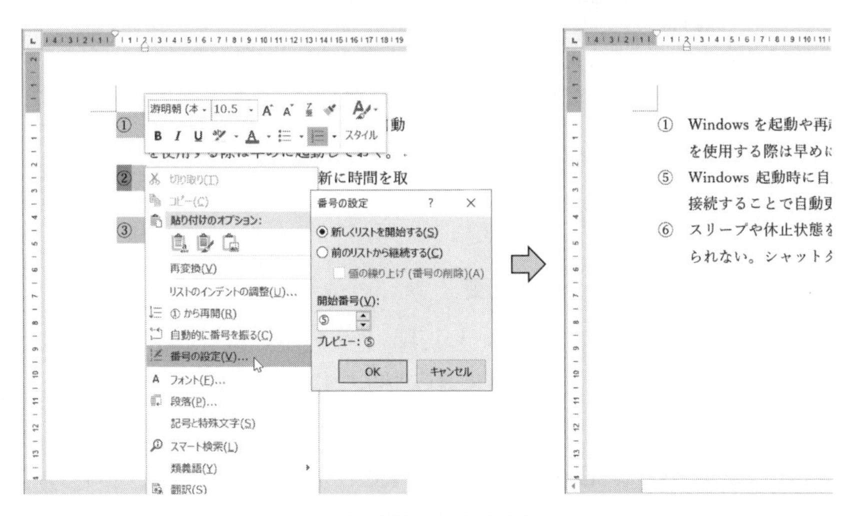

図 4.7　段落番号の付け直し

アウトラインを適用するには，まず**図 4.8** のように対象の段落を選択しておき，「ホーム」→「段落」→「アウトライン」をクリックし，「リストライブラリ」からアウトラインの形式を選択する。この例では，1，1.1，1.1.1，…という枝番号付きでインデント（字下げ）する形式を選択している。

まだこの状態では段落番号付けと同じであり，ここから 1.1 や 1.2.3 のようにアウトラインレベルを変更して階層構造にしていく。

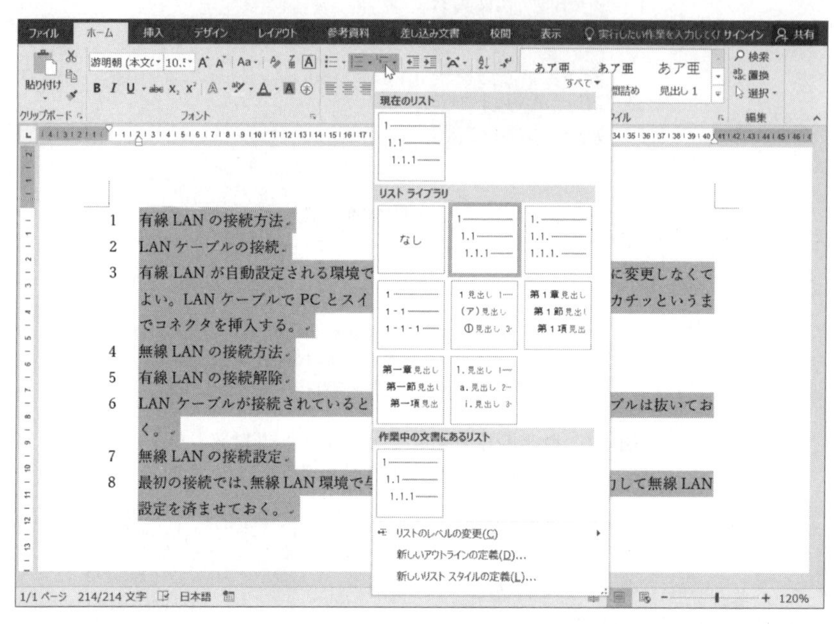

図 4.8　アウトライン（「ホーム」→「段落」→「アウトライン」）

4.3.2　アウトラインレベルの変更

アウトラインレベルは，1，1.1，1.1.1，…の番号付けに対し，レベル 1，レベル 2，レベル 3，…というように対応づけたものである。レベルが増すとより深い階層（子の要素）になっていく。

レベルを変えるには，**図 4.9** のように対象の段落を選択しておき，「ホーム」→「段落」→「インデントを増やす」をクリックする。このインデントを増加

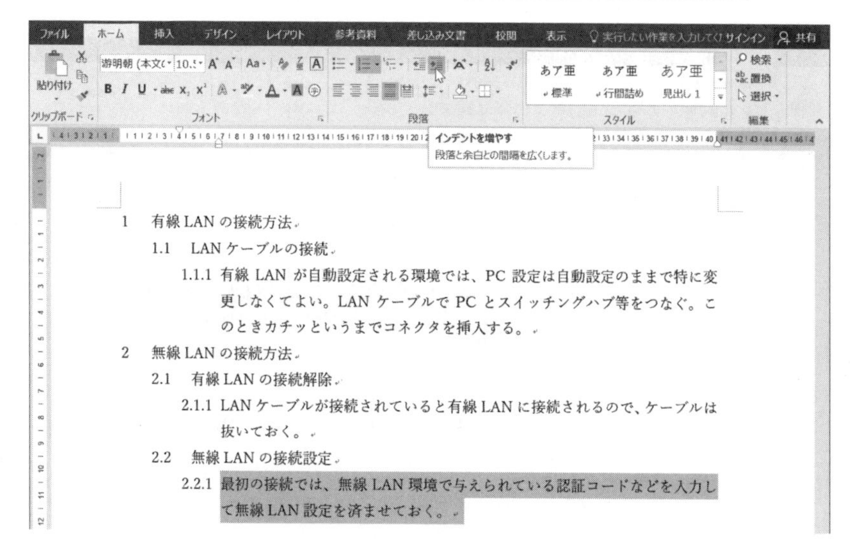

図 4.9　アウトラインレベル調整（「ホーム」→「段落」→「インデントを増やす」）

させるたびにアウトラインレベルも増加していく。反対に「インデントを減らす」をクリックすればアウトラインレベルが減少する。

なお，アウトラインの番号付けを解除するには，**図 4.10** のように「ホーム」→「段落」→「段落番号」をクリックして番号を解除する。

アウトラインを活用した文章の仕上げとして，例えば**図 4.11** のように「ホーム」→「フォント」の「太字」やゴシック体へのフォント変更，本文の段落では字下げインデント等を用いるなど統一感のある体裁に整えるとよい。これらのアウトラインやさまざまな段落書式の適用は，文章の作成開始，作成途中，作成後のどの時点で行っても構わない。

留意点として，段落番号やアウトラインではあとで段落を追加，削除，移動しても自動的に番号の連続性が保たれるが，文章中で「2.1.2 で述べたように…」というような番号を参照する記述をした場合は要注意である。もともと「2.1.2」であった番号が段落編集操作で「2.1.1」や「2.1.3」などに変わっていれば，文章内でそれを参照している箇所を合わせる必要がある。

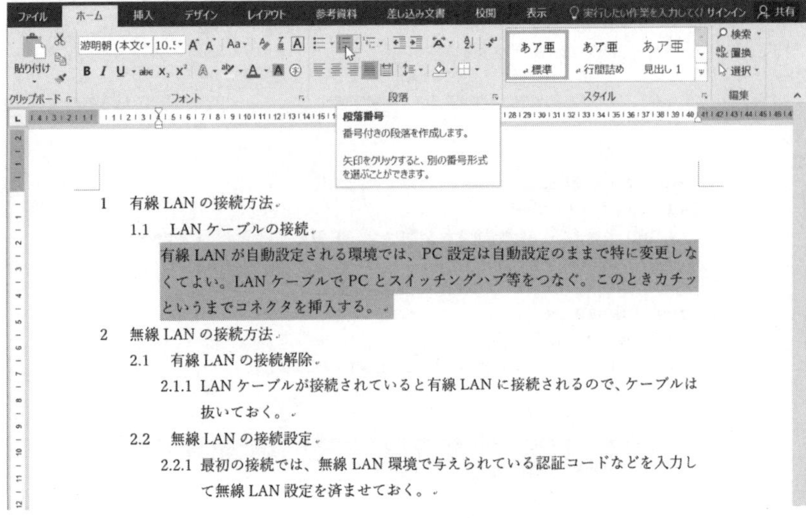

図 4.10　アウトラインの解除（「ホーム」→「段落」→「段落番号」）

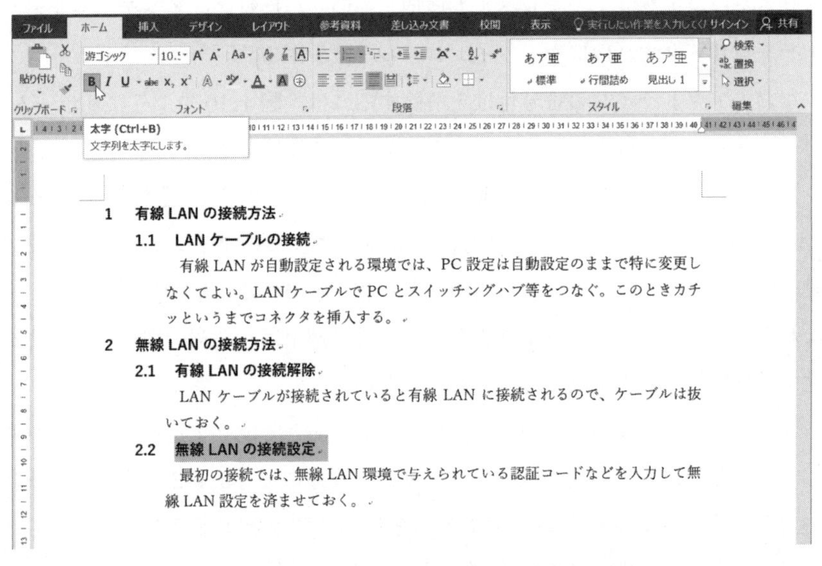

図 4.11　アウトライン化した文章作成

5 Word ― 段落の書式設定 ―

5.1 段 落 書 式

5.1.1 左揃え・中央揃え・右揃え・両端揃え

図5.1はビジネス文書の例である。ビジネス文書は目的用途に応じて文章構造などの書式や日本語の言葉遣いがおおよそ決まっており，特に段落書式の

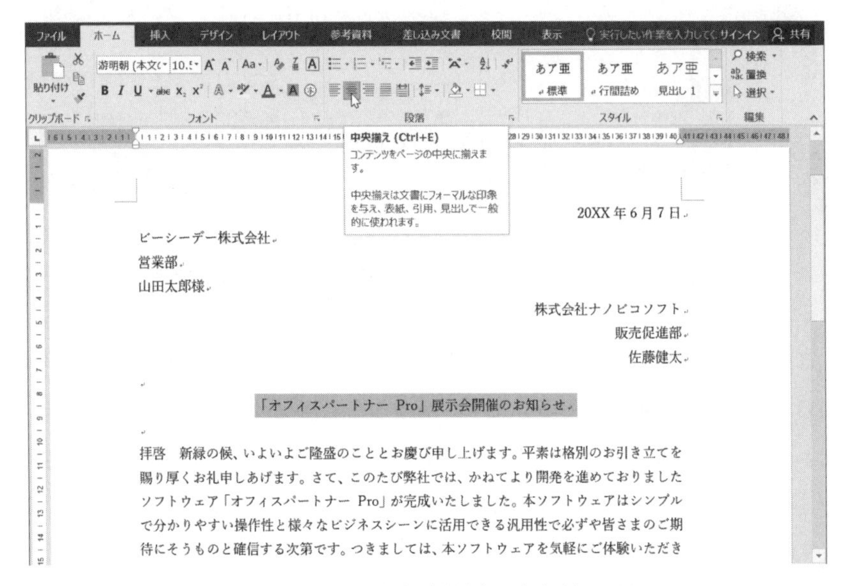

図5.1　ビジネス文書（社外向け案内文）の例

「左揃え」,「中央揃え」,「右揃え」,「両端揃え」などをよく使用する。これらの書式設定は「ホーム」→「段落」グループ内の各ボタンを使う。

この例では，案内文のタイトルを選択して「ホーム」→「段落」→「中央揃え」をクリックしてセンタリングしている。なお，初期設定は「両端揃え」であり，これは本文中に半角文字，英文，プロポーショナルフォント（文字幅が一定でない）を含んでいても両端位置がぴったり合うようになっている。

5.1.2 均等割り付け

ビジネス文書では，項目名などに均等割り付けをすることが多い。**図 5.2** は開催案内の各項目の見出しに均等割り付けをする例である。

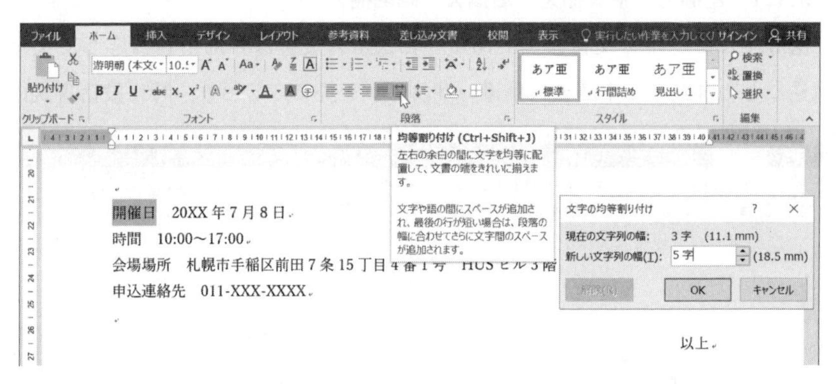

図 5.2 均等割り付け（「ホーム」→「段落」→「均等割り付け」）

この例は「開催日」,「時間」,「会場場所」,「申込連絡先」の見出しをすべて同じ横幅に揃える場面である。まず，基準となる横幅は，最も長い「申込連絡先」の幅である 5 文字分とした。つぎに,「開催日」を文字選択し「ホーム」→「段落」→「均等割り付け」をクリックして「新しい文字列の幅」に 5 を設定する。

図 5.3 は同様の操作によって完成させたものである。

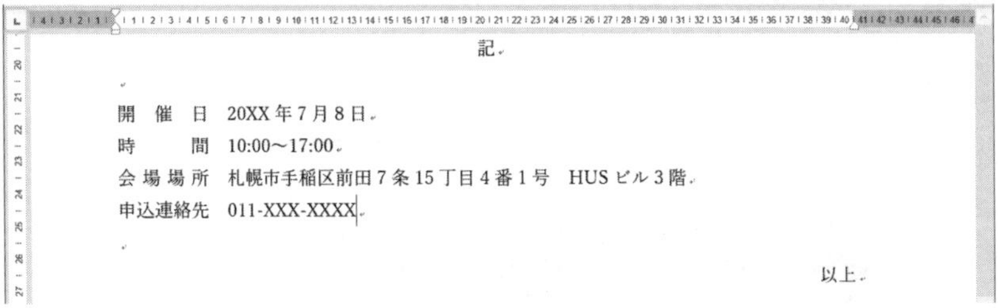

記

開　催　日　20XX 年 7 月 8 日
時　　　間　10:00〜17:00
会 場 場 所　札幌市手稲区前田 7 条 15 丁目 4 番 1 号　HUS ビル 3 階
申込連絡先　011-XXX-XXXX

以上

図 5.3　均等割り付けの完成例

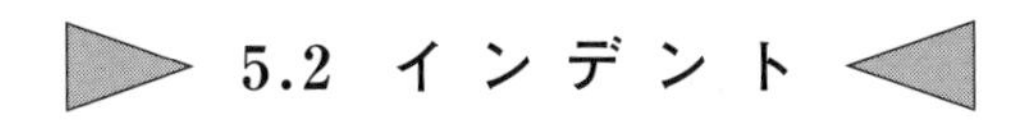

5.2 インデント

5.2.1 左・右・字下げ・ぶら下げインデント

インデントは一般的に段落の左に余白を空けることであるが，左側のインデントのほかに右側のインデント，字下げインデント，ぶら下げインデントなどの種類がある。

段落の書式設定をする際，おもな機能はリボンメニュー上のボタンを使い，インデントなどの数値設定や詳細な段落の設定を行うには「段落」グループの右下にある「段落の設定」ボタンを使う。ここでは段落の設定を使って左インデントを調整する。

まず，**図 5.4** のように「ホーム」→「段落」グループの右下にある「段落の設定」ボタンをクリックして「段落」ウィンドウを表示させる。

つぎに**図 5.5** のように，「段落」ウィンドウ上の「インデント」→「左」に例えば 10 字と設定すれば，左インデントとして段落の左側に 10 字分の空白が作られる。また，「インデント」→「右」に設定すれば右インデントとして段落の右側に空白が作られる。

なお，左インデントはルーラー上でのマウスドラッグによる調整も可能である。ルーラーを表示させておくには，**図 5.6** のように「表示」→「表示」→「ルーラー」チェックボックスにチェックを付ける。

ファイル
ホーム
挿入
デザイン
レイアウト
参考資料
差し込み文書
校閲
表示
実行したい作業を入力してください
サインイン
共有
貼り付け
クリップボード
フォント
段落
スタイル
編集
あア亜
標準
行間詰め
見出し 1
検索
置換
選択
段落の設定
間隔やインデントなど、現在の段落のレイアウトを調整します。
Web とはインターネット上の情報閲覧システム全体のこと
文書情報に文字や画像を含めさらに他の Web ページへのリ
Web サイトとは Web ページの集合体の場所であり、インターネット上には企業や個人など
が所有し公開する多数の Web サイトが存在している。
Web サーバとは Web サイトを格納し公開するためのコンピュータであり、インターネット
に接続されて 24 時間稼働している。

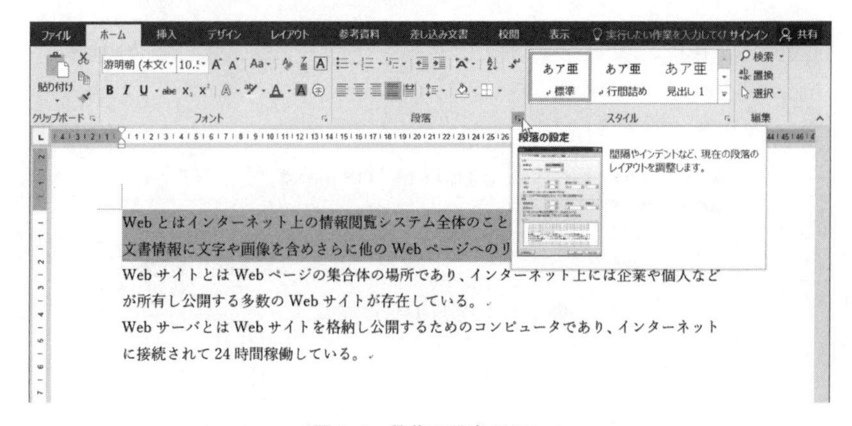

図 5.4　段落の設定ボタン

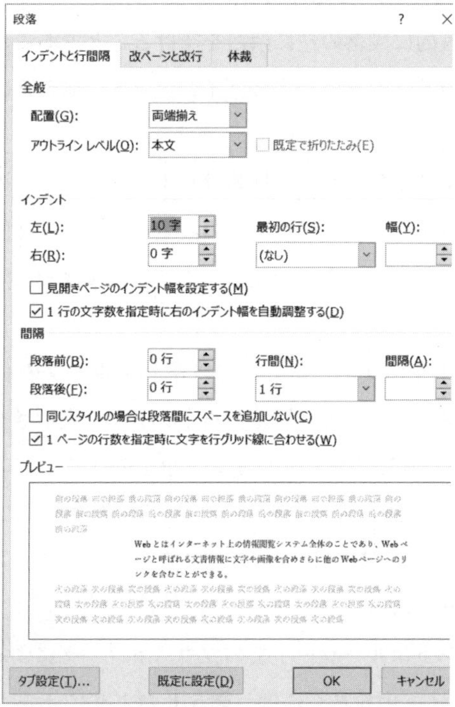

段落
インデントと行間隔
改ページと改行
体裁
全般
配置(G):
両端揃え
アウトライン レベル(O):
本文
既定で折りたたみ(E)
インデント
左(L):
10 字
右(R):
0 字
最初の行(S):
(なし)
幅(Y):
見開きページのインデント幅を設定する(M)
1 行の文字数を指定時に右のインデント幅を自動調整する(D)
間隔
段落前(B):
0 行
段落後(F):
0 行
行間(N):
1 行
間隔(A):
同じスタイルの場合は段落間にスペースを追加しない(C)
1 ページの行数を指定時に文字を行グリッド線に合わせる(W)
プレビュー
Web とはインターネット上の情報閲覧システム全体のことであり、Web ページと呼ばれる文書情報に文字や画像を含めさらに他の Web ページへのリンクを含むことができる。
タブ設定(T)...
既定に設定(D)
OK
キャンセル

図 5.5　左インデントの調整（「インデント」→「左」）

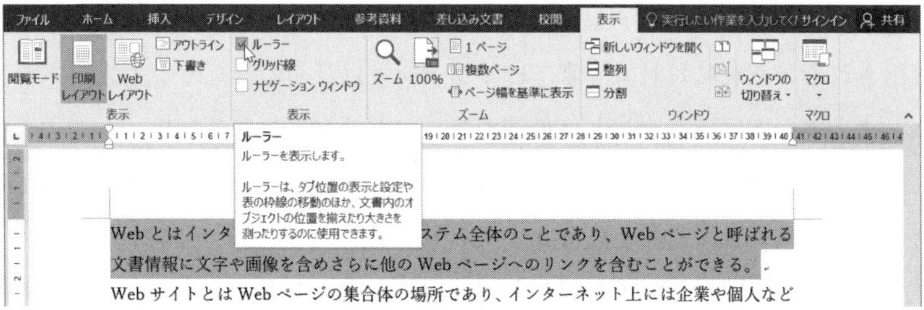

図 5.6　ルーラーの表示（「表示」→「表示」→「ルーラー」）

ルーラー上で左インデントを調整するには，**図 5.7** のようにルーラー上にある左端のボタンのうち，一番下（左インデント）をドラッグする。また，右インデントを調整するには，**図 5.8** のようにルーラー上にある右端のボタン（右インデント）をドラッグする。

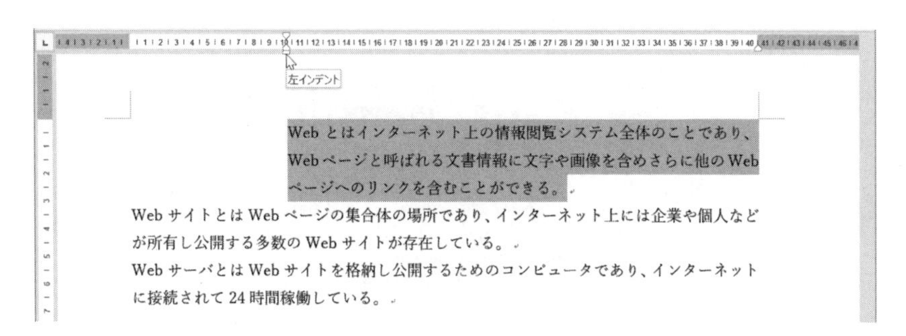

図 5.7　ルーラー上での左インデントの調整

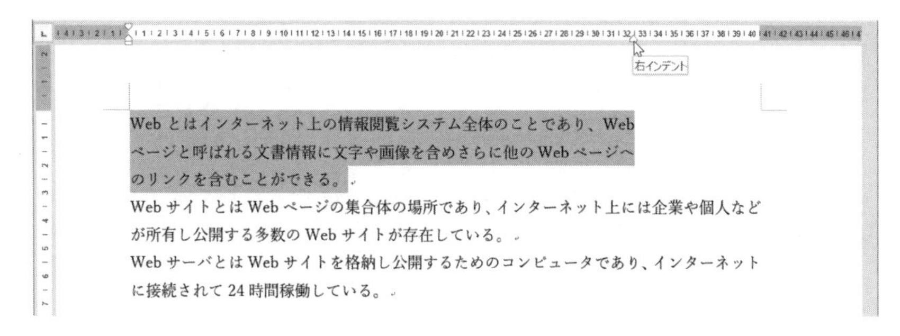

図 5.8　ルーラー上での右インデントの調整

左インデントや右インデントは段落中のすべての行に対して同じ空白の幅が適用される。それに対して，字下げインデントは最初の行だけがインデントされ，またぶら下げインデントは最初の行以外がインデントされる。

図 5.9 は字下げインデントの例である。「ホーム」→「段落」→右下の「段落の設定」ボタンによる「段落」ウィンドウで，「インデント」→「最初の行」→「字下げ」を選択してインデントの「幅」を設定する。また，ルーラー上にある左端のボタンのうち，いちばん上（1 行目のインデント）をドラッグして字下げインデントを調整することもできる。

文書作成では一般的に本文の段落を 1 字分だけ字下げするのが基本であり，

（a） 字下げインデントの設定

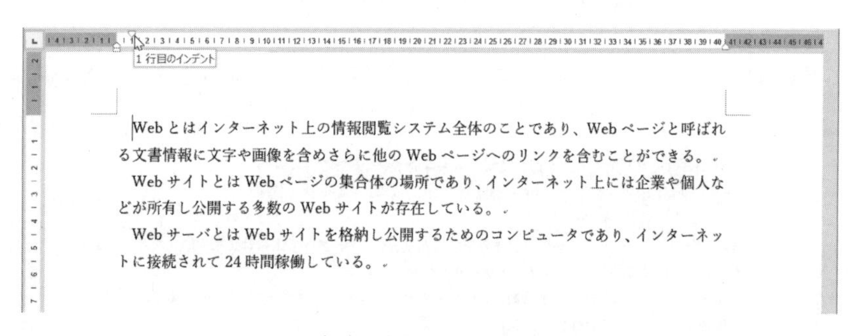

（b） 字下げされた段落

図 5.9　字下げインデント（「インデント」→「最初の行」→「字下げ」）

このような字下げインデントの機能が活用できる。

図5.10はぶら下げインデントの例である。「段落」ウィンドウで，「インデント」→「最初の行」→「ぶら下げ」を選択し，インデントの「幅」を設定する。また，ルーラー上にある左端のボタンのうち2番目（ぶら下げインデント）をドラッグしてぶら下げインデントを調整することもできる。

ぶら下げインデントの用途として，段落の先頭に箇条書きの記号，段落番号，見出しとなる語などがつく場合が挙げられる。なお，箇条書き・段落番号・アウトラインの機能を適用すると自動的にぶら下げインデントも設定され

（a）　ぶら下げインデントの設定

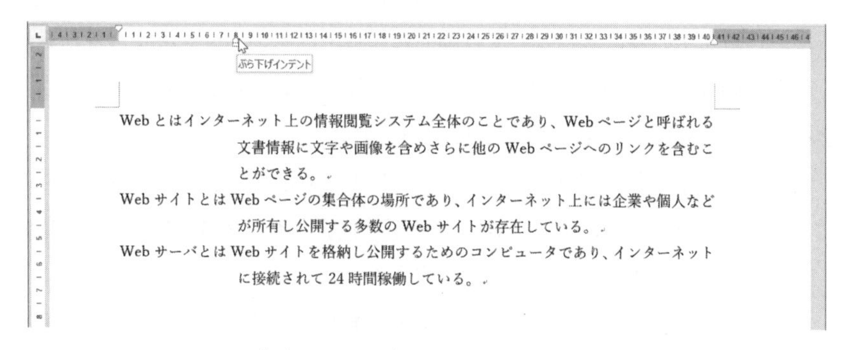

（b）　ぶら下げインデントされた段落

図5.10　ぶら下げインデント（「インデント」→「最初の行」→「ぶら下げ」）

る。また，見出し語についてはその長さに応じて自分でぶら下げインデントを調整することになる。

5.2.2　箇条書き・タブ・インデントの併用

図 5.11 は，ぶら下げインデントを活用した用語説明の箇条書きである。「Web」，「Web サイト」，「Web サーバ」などの見出し語の直後にタブキーを入力すると，「インターネット上…」の文の先頭をぶら下げインデントと同じ位置に揃えることができる。

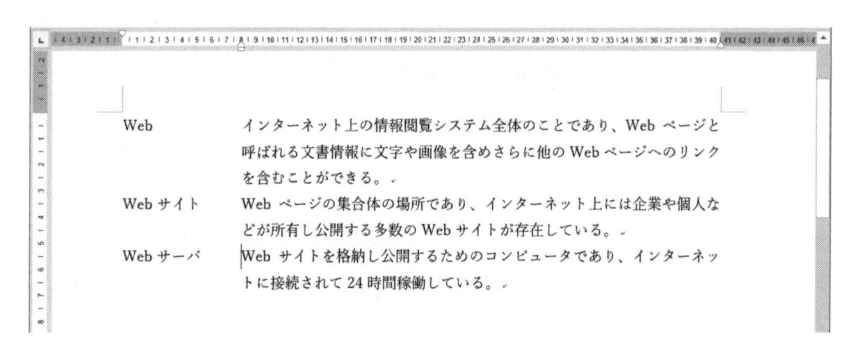

図 5.11　ぶら下げインデントとタブ

さらに，この見出し語を使った箇条書きに行頭文字をつけてみる。まず**図 5.12** のように，箇条書き機能で段落に行頭文字をつける。箇条書きを適用すると，行頭文字の幅にもとづいて自動的にぶら下げインデントが設定される。

つぎに**図 5.13** のように，ルーラー等を使用してぶら下げインデントの位置を見出し語の幅に合わせて 10 字程度に調整する。

最後に**図 5.14** のように，ルーラー上でクリックして左揃えタブの位置を追加する。これで見出し語の先頭がタブ位置に揃えられ，**図 5.15** のように見出し語に行頭文字がついた箇条書きが完成する。

この例は「箇条書き」，「ぶら下げインデント」，「左揃えタブ」の機能を組み合わせた応用である。なお，これと同様の手順で行頭文字の代わりに段落番号をつけることもできる。

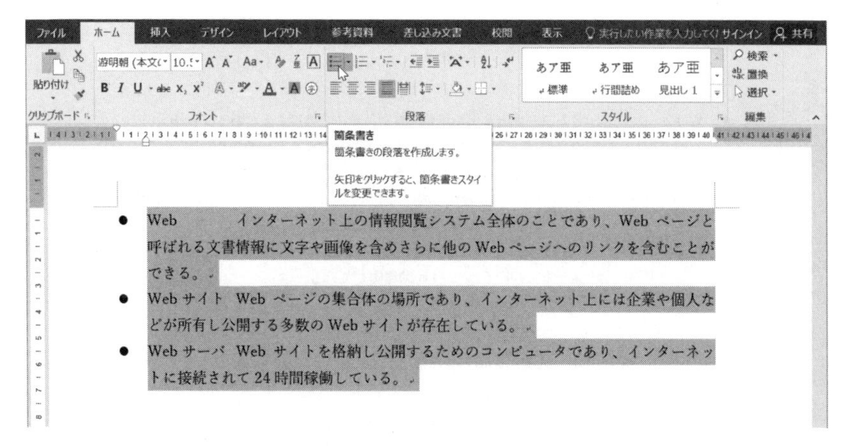

図 5.12　箇条書き適用における自動ぶら下げインデント

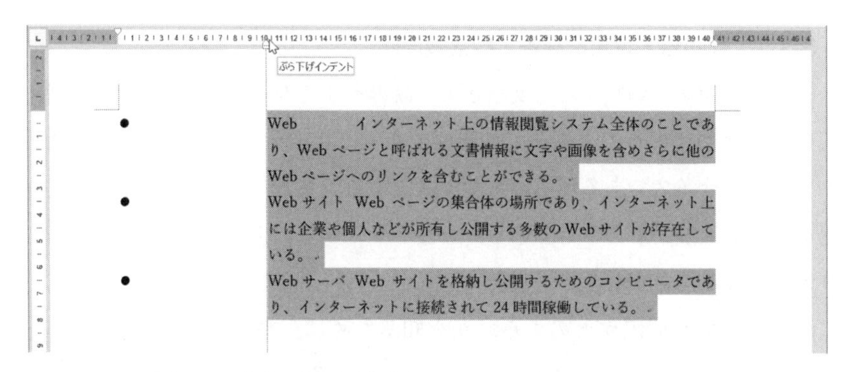

図 5.13　見出し語の幅を考慮したぶら下げインデントの調整

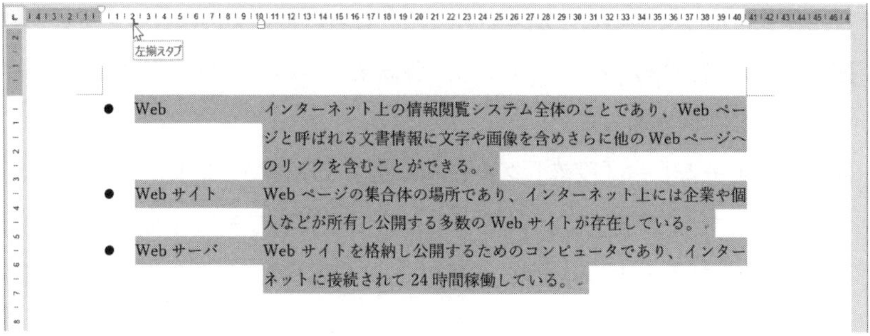

左揃えタブ

- Web　インターネット上の情報閲覧システム全体のことであり、Web ページと呼ばれる文書情報に文字や画像を含めさらに他の Web ページへのリンクを含むことができる。
- Web サイト　Web ページの集合体の場所であり、インターネット上には企業や個人などが所有し公開する多数の Web サイトが存在している。
- Web サーバ　Web サイトを格納し公開するためのコンピュータであり、インターネットに接続されて 24 時間稼働している。

図 5.14　タブ位置追加による見出し語の位置調整

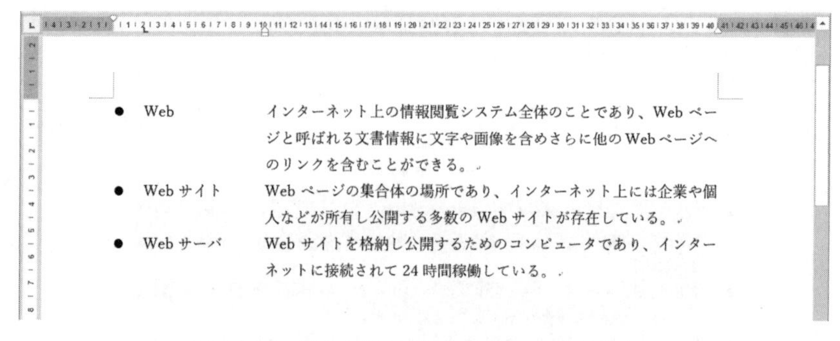

図 5.15　見出し語に行頭文字が付いた箇条書き

5.3 行　間　隔

5.3.1　行間隔・段落前間隔・段落後間隔

行間隔を適切に調整すると文章がより読みやすくなる。行間隔とは，例えば行の上端とつぎの行の上端までの距離であり，1.2 行，1.5 行といった倍数値やフォントサイズであるポイント数で設定する。また，段落の前後に一定の間隔をさらに追加することもできる。なお，フォントによって行間隔は設定値より大きくなる場合がある。

読みやすい行間隔がどのくらいかを知るために，書籍，雑誌，パンフレット，Web ページなどの媒体を見てみるとよい。それらは読みやすさを考慮して作られていることが多い。また，ビジネス文書や学術論文などはそれぞれ決まった体裁に従っていることが多いので，それらに従い実例に合わせるとよい。

図 5.16 は，行間隔をやや大きくし，各箇条書きの間を少し空けて読みやすくしようとした例である。

操作は「ホーム」→「段落」グループの右下「段落の設定」ボタンをクリックする。そして，「段落」ウィンドウにおいて「間隔」→「行間」を「倍数」にして「1.2」を設定する。また，「間隔」→「段落後」に「0.5 行」を設定す

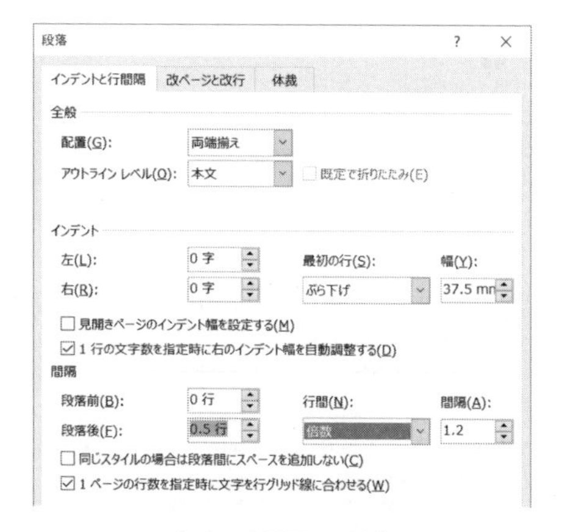

（a）　行間隔の調整

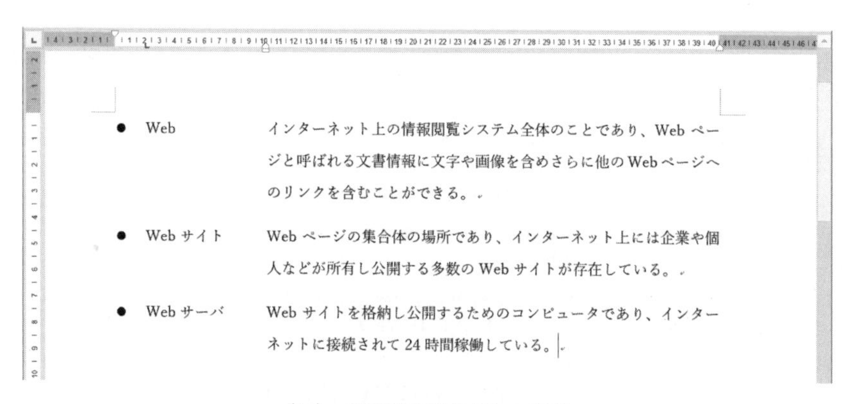

（b）　行間隔が調整された段落

図 5.16　行間隔と段落後間隔の設定（「間隔」→「行間」・「段落後」）

る。これによって箇条書きの中で行間隔は 1.2 倍となり，つぎの箇条書きとの間はさらに 0.5 行分の間隔が空くようになる。

5.3.2　行間隔の反映と行数指定

図 5.17 は行間隔を 0.8 行に設定したケースであるが，実際には 1 行以下にはならない。原因は，標準では 1 ページの行数設定に従っており，狭い行間隔にならないようにする制限機能のためである。

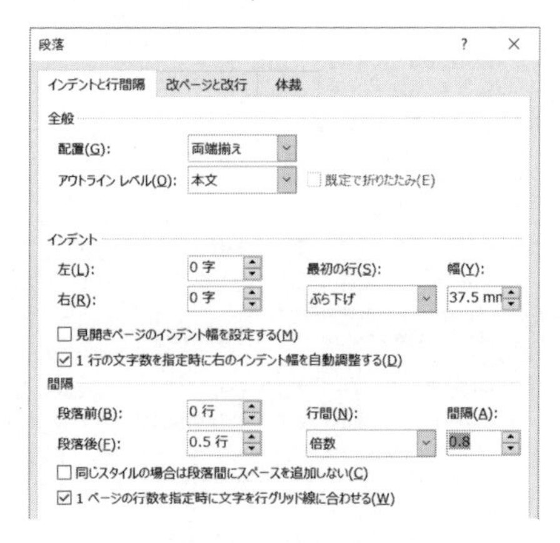

（a） 狭い行間隔の設定

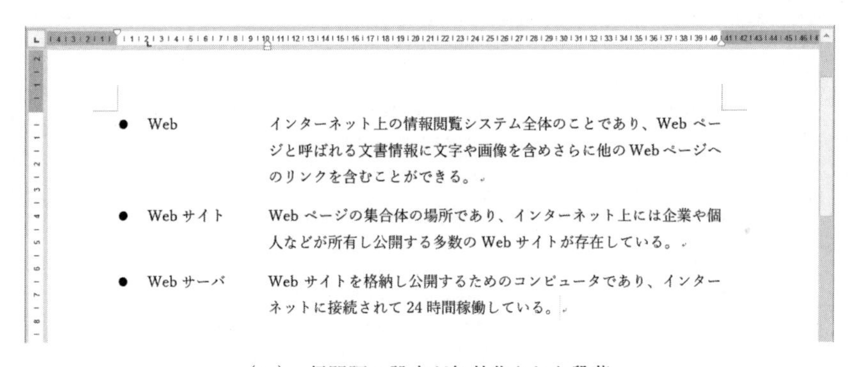

（b） 行間隔の設定が無効化された段落

図 5.17　行間の数値が反映されない状況

これは「段落」ウィンドウの「間隔」→「1 ページの行数を指定時に文字を行グリッド線に合わせる」によって有効になっている。また，「レイアウト」→「ページ設定」の右下「ページ設定」ボタンをクリック→「ページ設定」ウィンドウの「文字数と行数の指定」の項目も影響している。

しかし，小説などのシンプルな文章では読みやすいが，表などの中ではもっと行間隔を狭く設定したい場合や，1 ページのサイズをはみ出さないように行間隔で調整したい場合もある。また，フォントによっては 1 行分の行間隔が大きすぎるものもある。

この制限機能を解除するのに，**図 5.18** のように「段落」ウィンドウの「間隔」→「1 ページの行数を指定時に文字を行グリッド線に合わせる」のチェックを外すと，さきほどの 0.8 行の間隔が反映される。ただし，小さい行間隔では文字が重なったり欠けたりすることがあるため，注意したほうがよい。

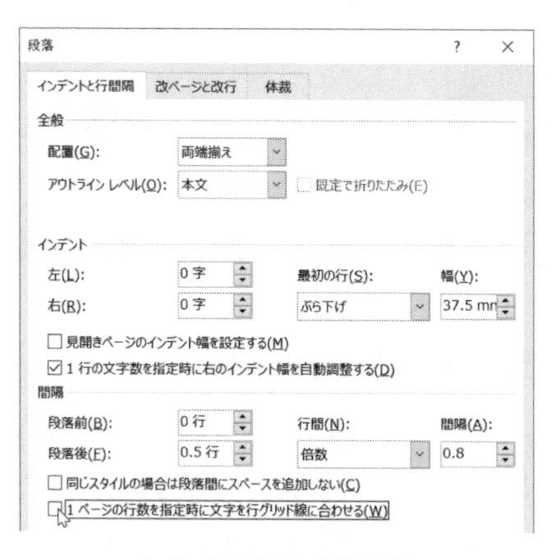

（a）　行間隔の制限解除

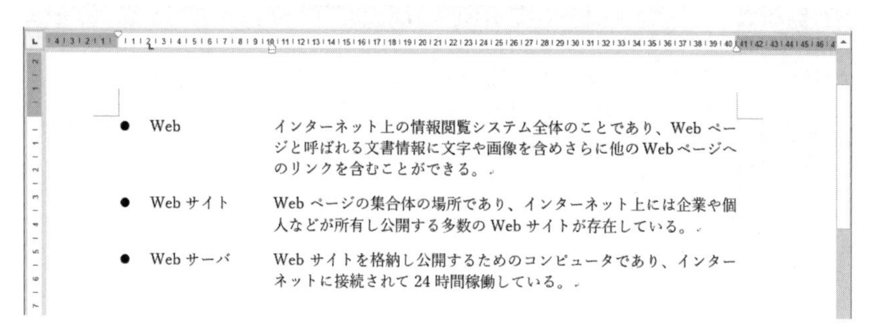

（b）　狭い行間隔の段落

図 5.18　行間隔の制限解除（「間隔」→「1 ページの行数を指定時に文字を行グリッド線に合わせる」）

6 Word ― 図表とページ設定 ―

6.1 表 操 作

6.1.1 表の挿入と列・行・表全体の調整

表の挿入は，**図 6.1** のように「挿入」→「表」→「表」ボタンをクリックし，マウスドラッグで行数と列数を視覚的に指定する。また，このとき表示されるメニューの「表の挿入」で列数と行数を数値入力して挿入することもできる。

図 6.1　表の挿入（「挿入」→「表」→「表」）

挿入後の表における列幅や行の高さはマウスドラッグで調整できる。**図 6.2** のように表の縦罫(けい)線や横罫線にマウスを合わせてドラッグすると，それぞれ列幅および行の高さの調整ができる。

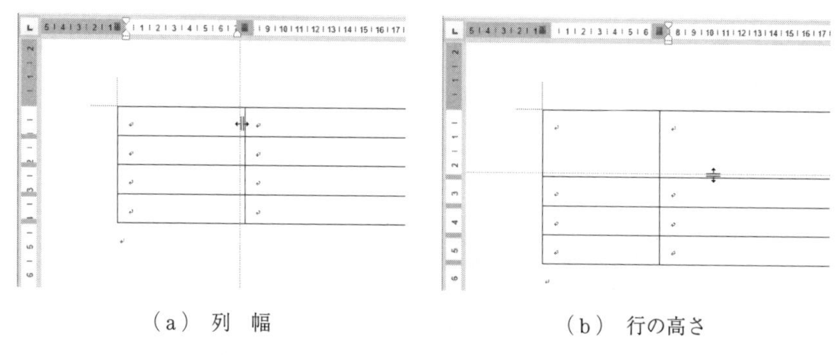

（a） 列 幅　　（b） 行の高さ

図 6.2　列幅と行の高さのマウスによる調整

また，**図 6.3** のように表の右下の角にマウスを合わせてドラッグすると，表全体の幅と高さを調整できる。このとき，内部のセルの幅や高さの比が保たれるように表全体で横方向あるいは縦方向の拡大縮小となる。

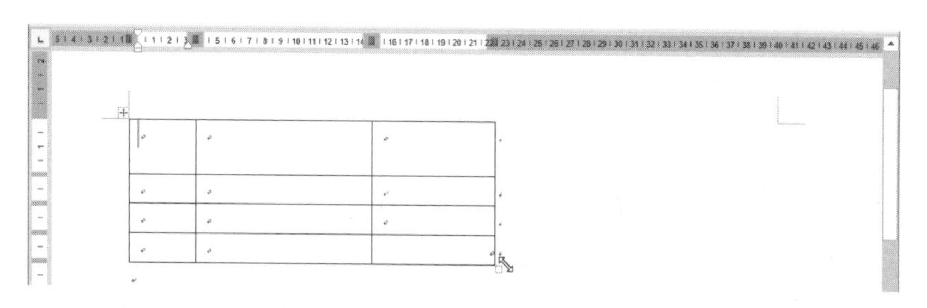

図 6.3　表全体のマウスによるサイズ調整

表を選択している状態では，リボンメニューに表操作に関する新たなメニュー項目が現れており，これを**コンテキストメニュー**（context menu）という。これは表や図などを操作するために必要なメニュー項目を一時的に表示するものである。

表の場合，コンテキストメニューとして，**図 6.4** のように「表ツール」メニュー，さらにその下に「デザイン」と「レイアウト」メニューが現れる。「レイアウト」→「セルのサイズ」によって，マウス操作よりも正確に数値で幅や高さを調整できる。それにはまず調整対象のセル内にカーソルを移動させるか，複数のセルをマウスで選択しておく。そして，「高さ」や「幅」のボッ

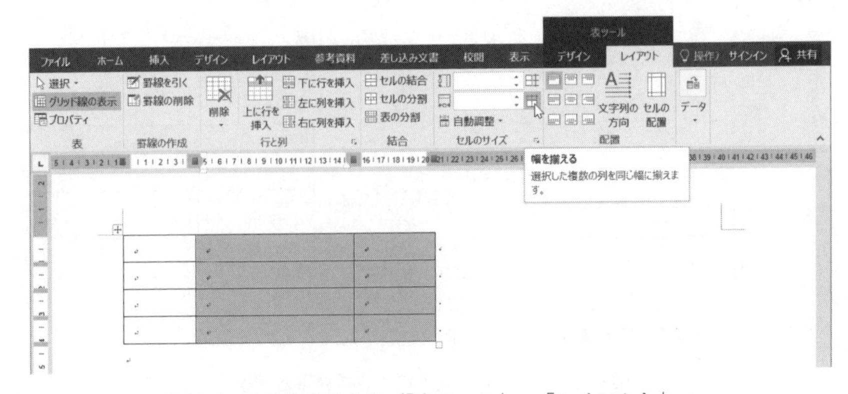

図 6.4　セル幅を揃える（「表ツール」→「レイアウト」→「セルのサイズ」→「幅を揃える」）

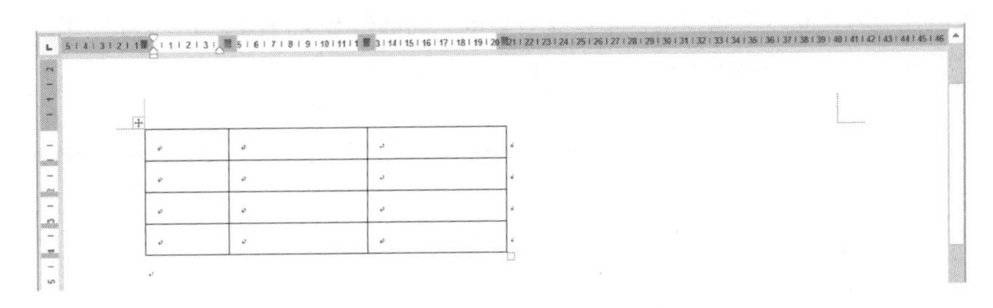

図 6.5　セル幅が統一された状態

クスにサイズを数値入力すればよい。また，ボックス右の「高さを揃える」や「幅を揃える」ボタンによって選択した複数のセルを均等のサイズにすることができる（**図 6.5**）。

6.1.2　行・列の挿入・削除

表の行数や列数をあとから増減させるには，行・列の挿入・削除を行う。**図 6.6** のように，行あるいは列をマウスで選択しておき，「表ツール」→「レイアウト」→「行と列」において「上に行を挿入」，「下に行を挿入」あるいは「左に列を挿入」，「右に列を挿入」などをクリックすれば，選択箇所に対して指定位置に行あるいは列が挿入される（**図 6.7**）。

行や列などの削除は，「表ツール」→「レイアウト」→「行と列」→「削除」

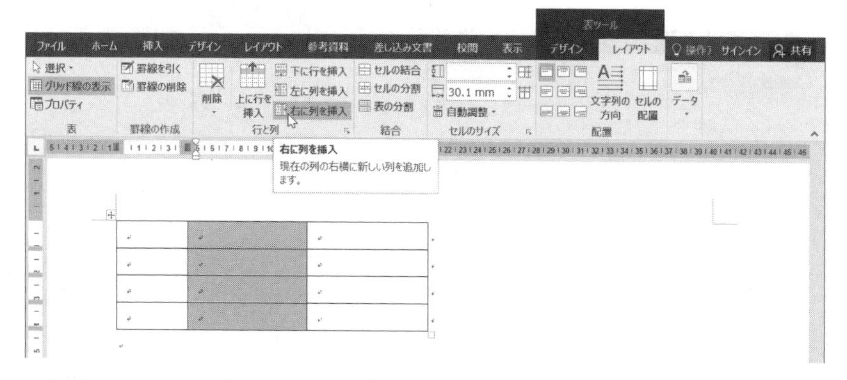

図 6.6　列の挿入（「表ツール」→「レイアウト」→「行と列」→「右に列を挿入」）

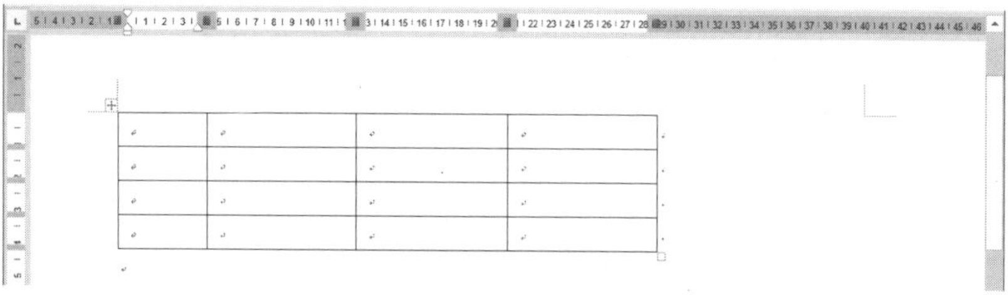

図 6.7　列が挿入された状態

ボタンをクリックして「セルの削除」,「行の削除」,「列の削除」,「表の削除」などによって行う。

6.1.3　セルの結合・分割

表中の複数のセルを結合して一つのセルにしたり，反対に一つのセルを複数のセルに分割したりすることができる。セルの結合は，**図 6.8** のように対象セルを選択しておいて「表ツール」→「レイアウト」→「結合」→「セルの結合」をクリックする。すると，**図 6.9** のように選択セル範囲が一つのセルになる。

セルの分割は，**図 6.10** のように対象セルを選択しておいて「表ツール」→「レイアウト」→「結合」→「セルの分割」をクリックする。そして「セルの

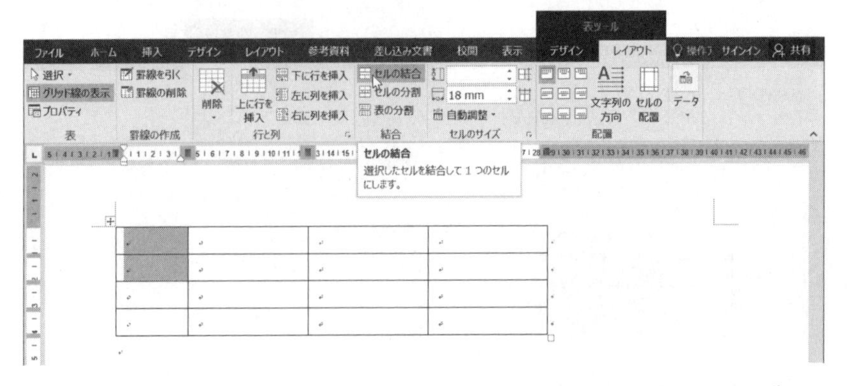

図 6.8　セルの結合（「表ツール」→「レイアウト」→「結合」→「セルの結合」）

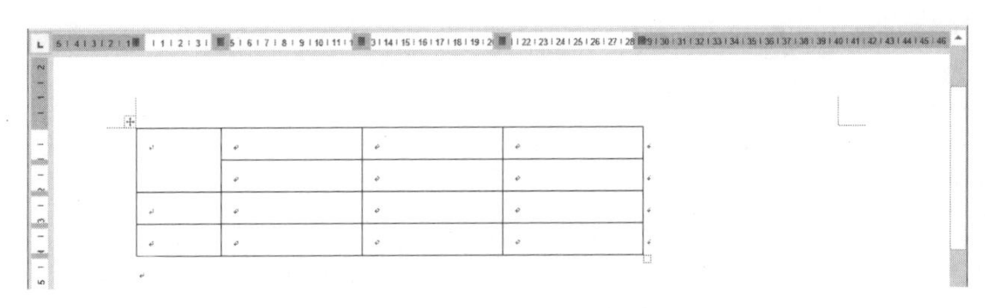

図 6.9　セルが結合した状態

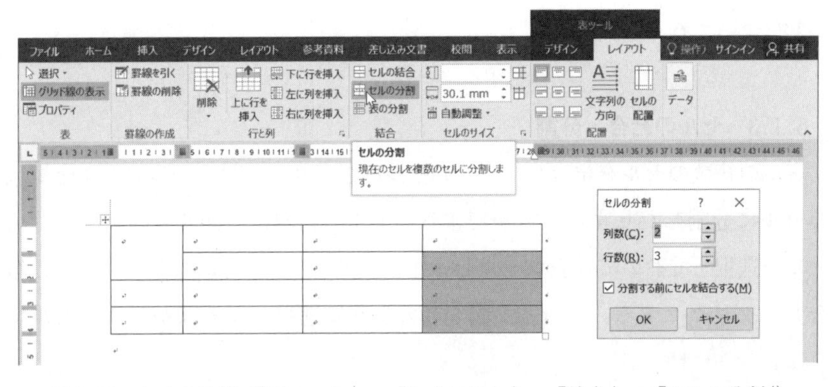

図 6.10　セルの分割（「表ツール」→「レイアウト」→「結合」→「セルの分割」）

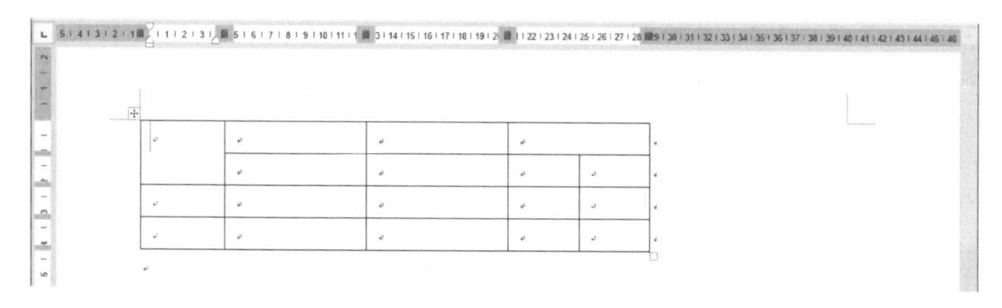

図 6.11　セルが分割した状態

分割」ウィンドウにおいて列数と行数を入力すると，セルが分割されて**図 6.11** のように選択セル範囲が指定された列数と行数によるセル構成となる。この例では，最初選択したセルは 1 列 3 行であり，入力した数値は 2 列 3 行である。この場合，行数は同じなので変化がなく，列数は 1 から 2 に変化させたので列の分割が生じて結果的に 2 列 3 行に置き換わる。

この分割機能はセルの結合にも使用できる。選択したセルに対して列数や行数を大きくすると分割できるが，逆に小さくすると結合することができる。

6.1.4　セル内の文字揃え

セル内では，文字を上下左右あるいは中央に揃えることができる。**図 6.12** のように対象セルをマウスで選択しておき，「表ツール」→「レイアウト」→「配置」にある 9 個のボタンによって上下，左右，中央の組み合わせで自由に

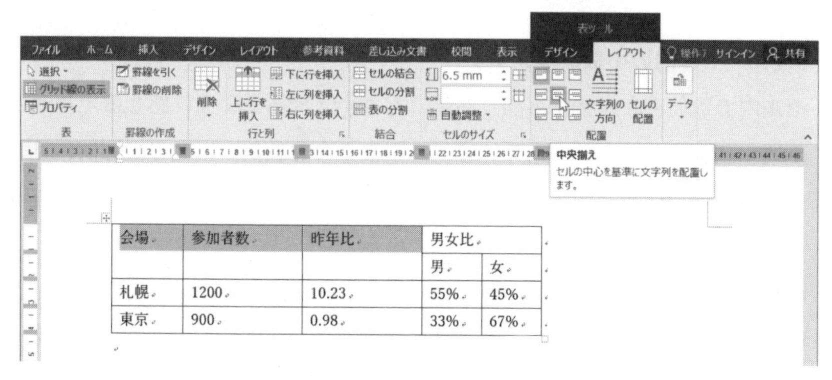

図 6.12　セル内の中央揃え（「表ツール」→「レイアウト」→「配置」→「中央揃え」）

揃えることができる。この例では「中央揃え」ボタンをクリックしており，結果は**図 6.13** のように縦方向と横方向に中央揃えされる。

一般的に，表では見出しは中央揃えか左揃え，文字データは左揃え，数値データは右揃えか小数点位置で揃えることが多い。**図 6.14** はそれにならって揃えた例である。

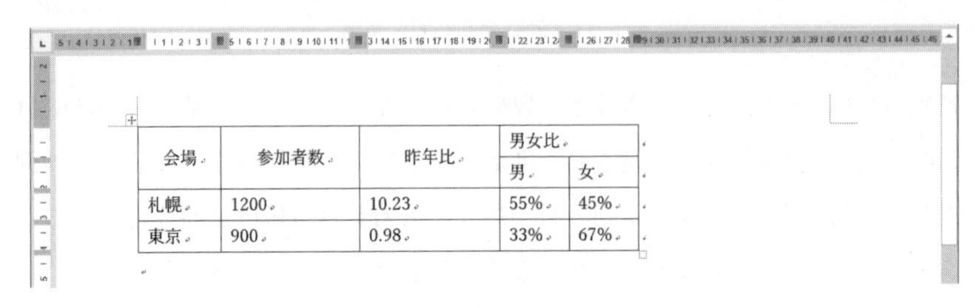

会場	参加者数	昨年比	男女比	
			男	女
札幌	1200	10.23	55%	45%
東京	900	0.98	33%	67%

図 6.13　セル内が中央揃えされた状態

会場	参加者数	昨年比	男女比	
			男	女
札幌	1200	10.23	55%	45%
東京	900	0.98	33%	67%

図 6.14　見出しを中央揃え，文字を左揃え，数値を右揃えした状態

6.1.5　セル内の小数点揃えタブ

セル内で数値を右揃えする際，右端に寄りすぎであるように感じるため適度に位置を調整したいことがある。また，小数を含む数値データを縦方向に見た場合，小数点の位置が揃っているのがよい。これらに対応するために小数点揃えタブの機能がある。

操作手順は，まず**図 6.15** のように対象セルを既定状態である両端揃え（あるいは左揃え）にしておく。つぎに**図 6.16** のように，ルーラー左端にあるタブ種類の変更ボタンを数回クリックして小数点揃えタブのモードに変更しておく。

表ツール
ファイル
ホーム
挿入
デザイン
レイアウト
参考資料
差し込み文書
校閲
表示
デザイン
レイアウト
サインイン
共有
貼り付け
クリップボード
フォント
段落
スタイル
編集
検索
置換
選択
標準
行間詰め
見出し 1
両端揃え (Ctrl+J)
余白と余白の間にある文字を均等に配置します。
文字を揃えると、文書の端がきれいに揃い、洗練された外観に仕上がります。
会場
参加者数
昨年比
男
女
札幌
1200
10.23
55%
45%
東京
900
0.98
33%
67%

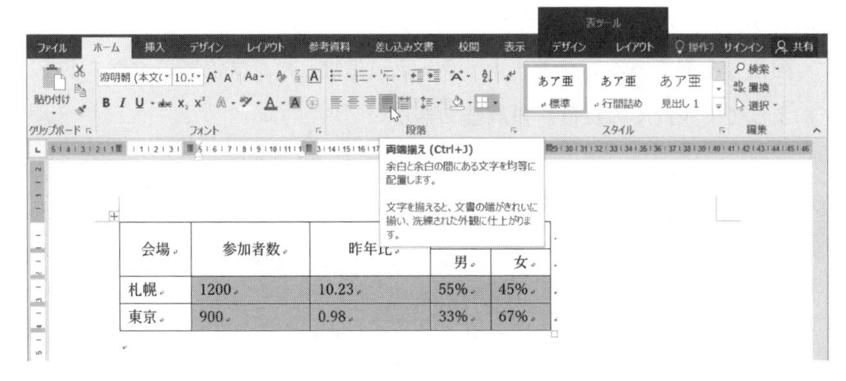

図 6.15　両端揃えにしておく（「ホーム」→「段落」→「両端揃え」）

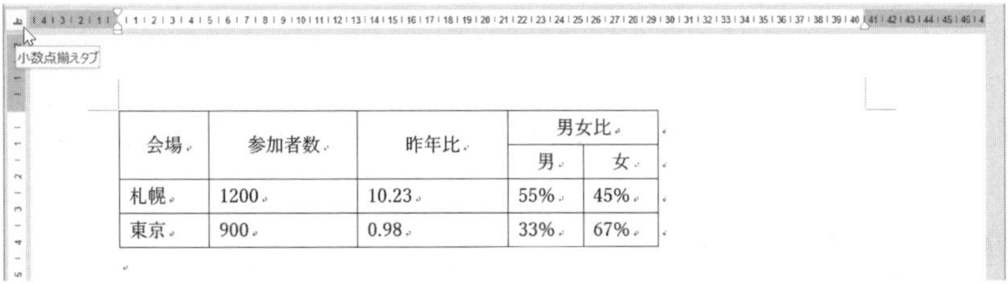

小数点揃えタブ
会場
参加者数
昨年比
男女比
男
女
札幌
1200
10.23
55%
45%
東京
900
0.98
33%
67%

図 6.16　小数点揃えタブのモードに変更（「ルーラー」→「小数点揃えタブ」）

この状態で，**図 6.17** のように対象セルを選択し，ルーラー上でクリックすると小数点揃えタブの位置が追加されて数値がこの位置に揃えられる。このとき，数値に小数点が含まれていなくても 1 の位の数字右側に揃えられるので，実数，整数，パーセント数などに対して同様に数値の位を位置合わせできる。

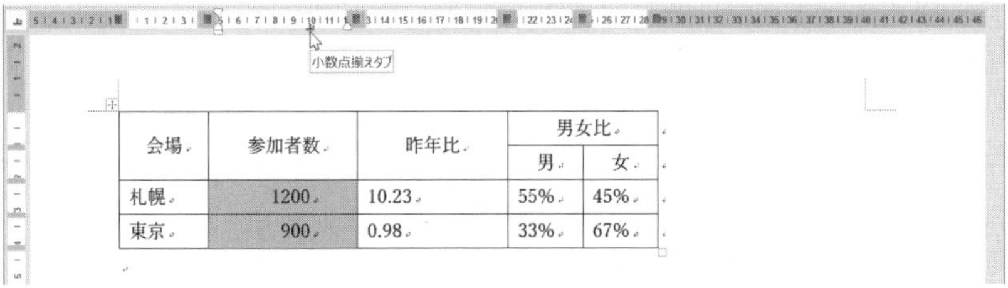

小数点揃えタブ
会場
参加者数
昨年比
男女比
男
女
札幌
1200
10.23
55%
45%
東京
900
0.98
33%
67%

図 6.17　小数点揃えタブ位置の追加

図 6.18 は，すべての数値データに対して小数点揃えタブを使ってバランスよく配置した例である。なお，ルーラー上に追加したタブ位置のマウスドラッグによってセル内での位置が再調整できる。

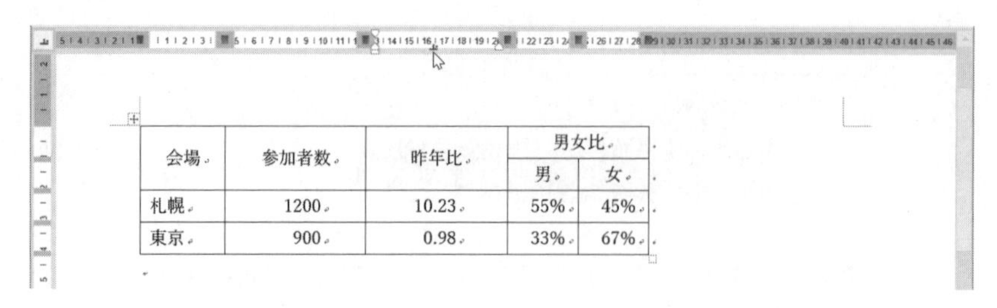

会場	参加者数	昨年比	男女比	
			男	女
札幌	1200	10.23	55%	45%
東京	900	0.98	33%	67%

図 6.18　数値がすべて小数点揃えされた状態

6.2 図　　形

6.2.1 図 形 の 書 式

図形は，画像と異なり線情報（座標情報）で表されたデータであり，設計図などのデータに近いものである。さまざまな基本図形を組み合わせて複雑な図形を作成することもできる。

図形の挿入は，**図 6.19** のように「挿入」→「図」→「図形」をクリックして一覧の中から図形を選択して行う。

図 6.20 は右矢印の図形を挿入した例である。図形を選択した状態では，「描画ツール」→「書式」のコンテキストメニューが出現し，さまざまな設定ができる。また，図形周囲のマークをマウスドラッグすることで拡大，縮小，回転，反転など視覚的に形状を調整できる。

また，図形右側に現れる「レイアウトオプション」ボタンによって，図形を文章の間に挿入するか，重ねて挿入するかといった配置方法を変更できる。これについては「描画ツール」→「書式」→「配置」→「文字列の折り返し」でも同様の設定ができる。

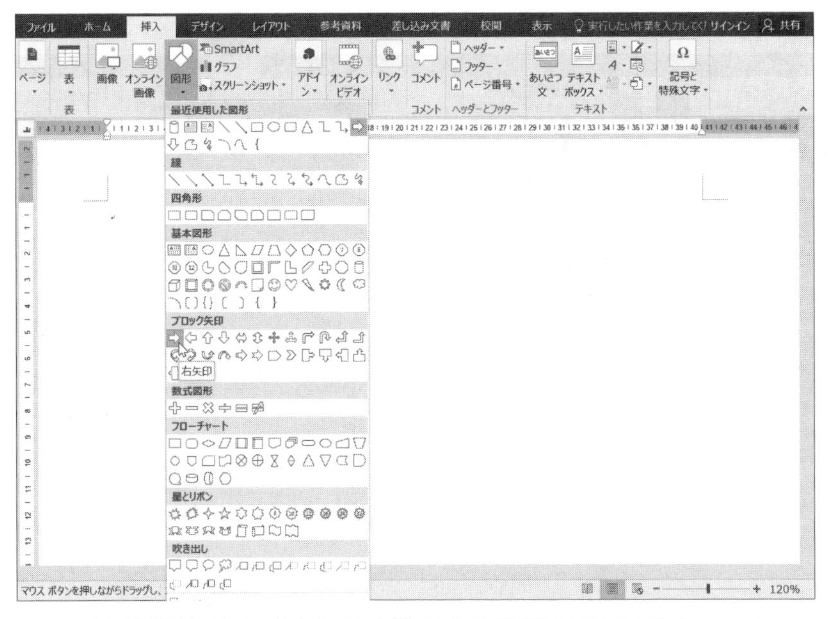

図 6.19　図の挿入（「挿入」→「図」→「図形」→「右矢印」）

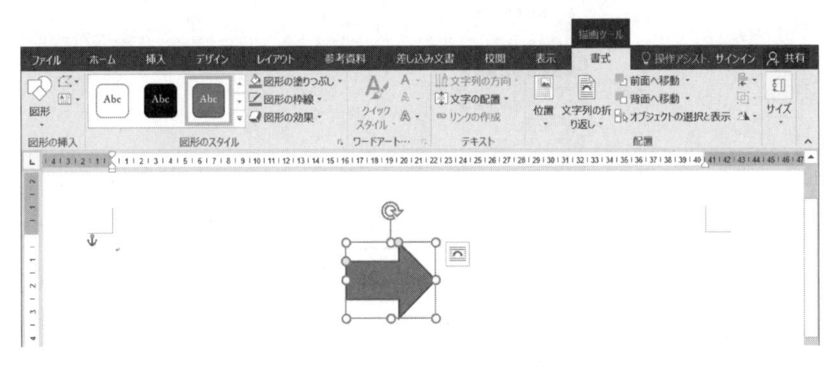

図 6.20　図が挿入された状態

図形に関しては，塗りつぶしと枠線の書式設定ができる。**図 6.21** や**図 6.22** のように，色，枠線の太さ，パターンなどを変更できる。また，「塗りつぶしなし」や「線なし」を選択すると，それぞれがない状態（透過状態）となる。

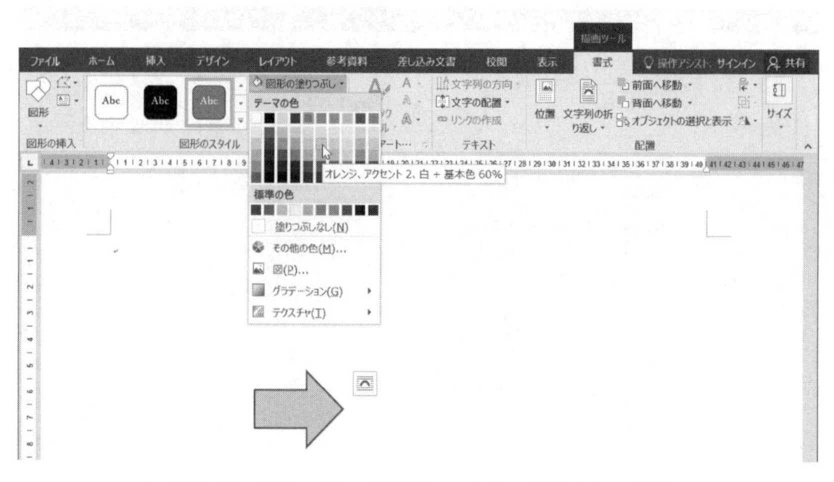

図 6.21　塗りつぶし（「描画ツール」→「書式」→「図形のスタイル」→「図形の塗りつぶし」）

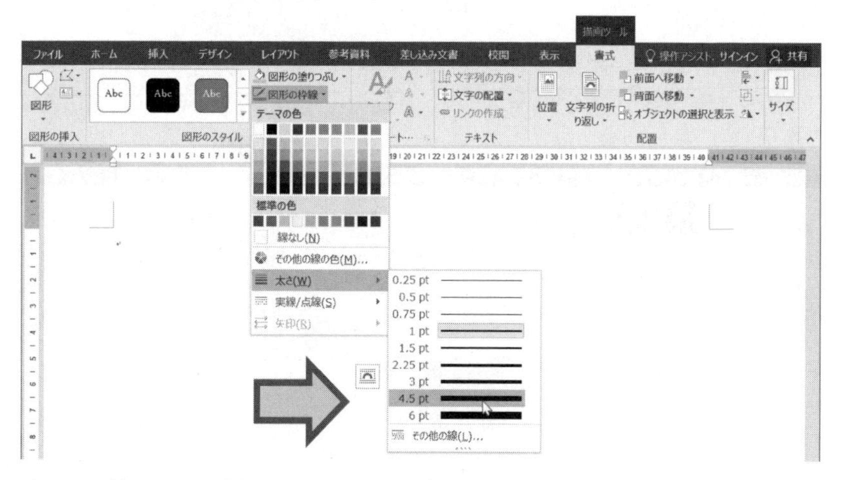

図 6.22　枠線の太さ（「描画ツール」→「書式」→「図形のスタイル」→「図形の枠線」）

6.2.2　テキストの追加

図形にはテキストを入力することができる。図形を移動する際，テキストが図形内部に入力してあるとそのまま移動できるため扱いやすい。

図 6.23 のように，図形を右クリックして「テキストの追加」を選択し文字入力する。文字は「ホーム」メニューの各種機能によってフォント，サイズ，文字色，段落などの書式設定ができる。

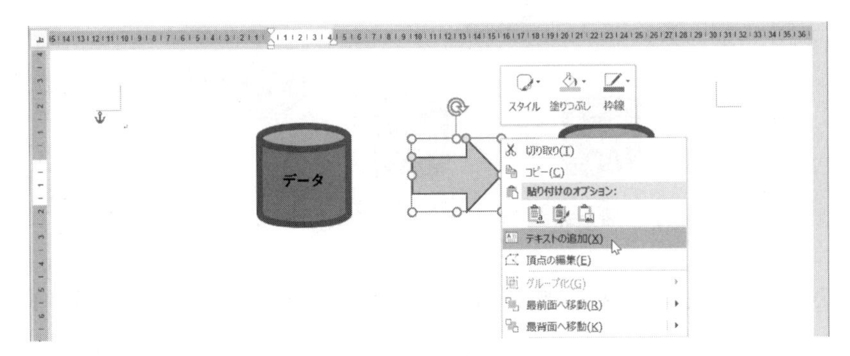

図 6.23　図形へのテキスト追加（右クリック→「テキストの追加」）

6.2.3 グ ル ー プ 化

グループ化は，複数の図形をひとまとめにする機能である。操作は**図 6.24** のように，グループ化対象の図形を複数選択しておき，右クリック→「グループ化」→「グループ化」を選択する。

なお，複数の図形を選択するには Shift キーを押しながらマウスクリックすればよい。また，グループ化した図形は「グループ解除」で元に戻る。

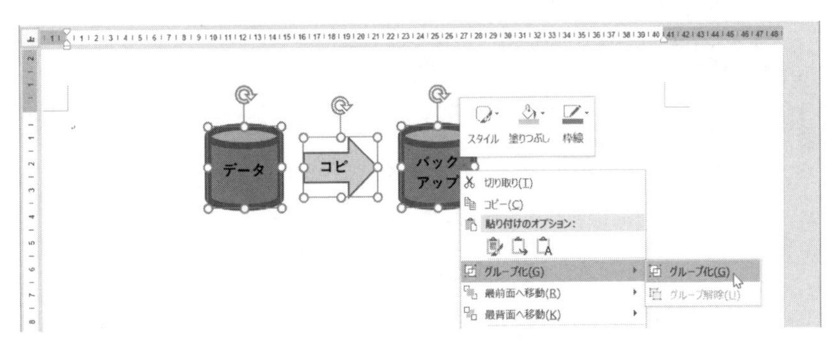

図 6.24　図形のグループ化（右クリック→「グループ化」→「グループ化」）

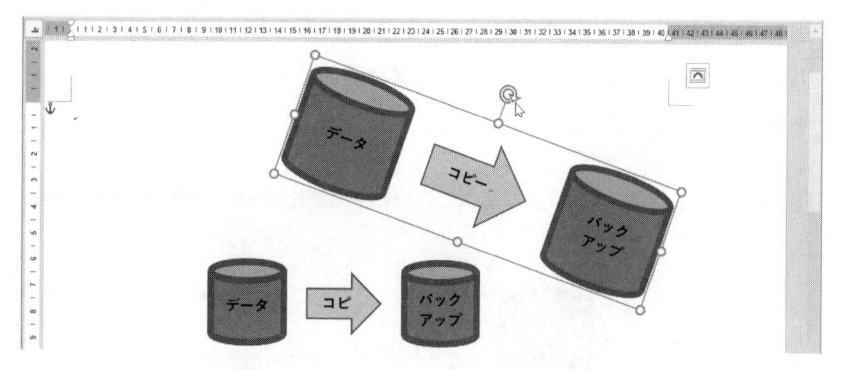

図 6.25　グループ化した図形の拡大や回転

グループ化した図形は，**図 6.25** のように 1 個の図形として拡大，縮小，回転，反転などができ，コピーや移動もグループ単位で行える。

グループ化の活用例を，**図 6.26** に示す。このような複数の図形を用いた構成図を全体的に縮小する場合，個々の図形ごとによるサイズ変更は移動も必要になり手間がかかる。そこで，グループ化してから縮小すれば作業効率もよく，レイアウトの正確さも保てる。

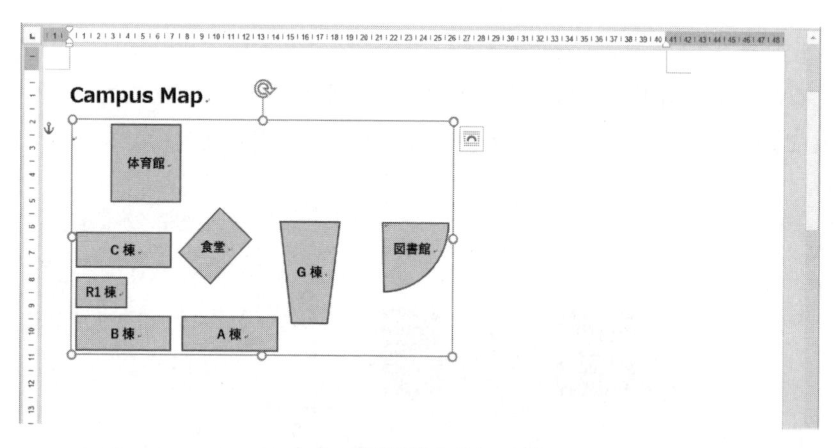

（a）　複数図形のグループ化

図 6.26　グループ化を活用した全体的なレイアウト調整

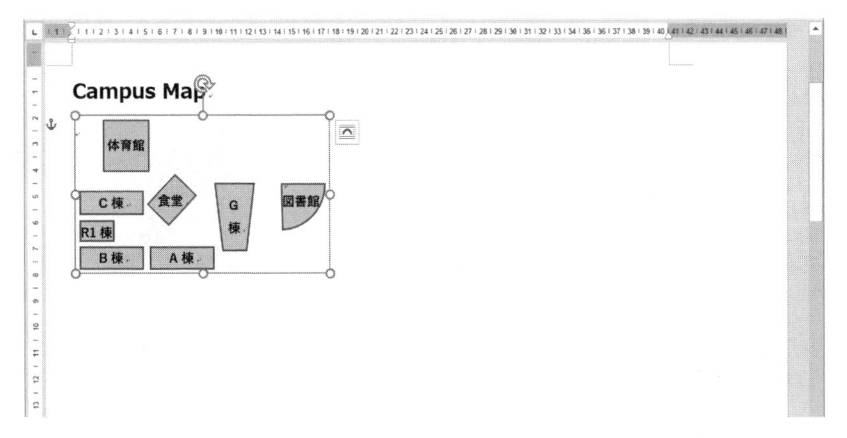

（b） グループ化状態での縮小

図 6.26 （続き）

6.2.4 フリーフォームによる図形の作成

フリーフォームは自由な形状の図形が作成できる機能である。作成方法については，**図 6.27** のように「挿入」→「図」→「図形」→「フリーフォーム」を選択し，**図 6.28** のようにマウスで図形の頂点位置をクリックしながら多角形を描いていき，最後にダブルクリックして描画を終了する。

作成後のフリーフォームでは，頂点の位置移動や頂点の追加・削除ができる。また，線を曲線的にすることで，より自由な図形が作成できる。

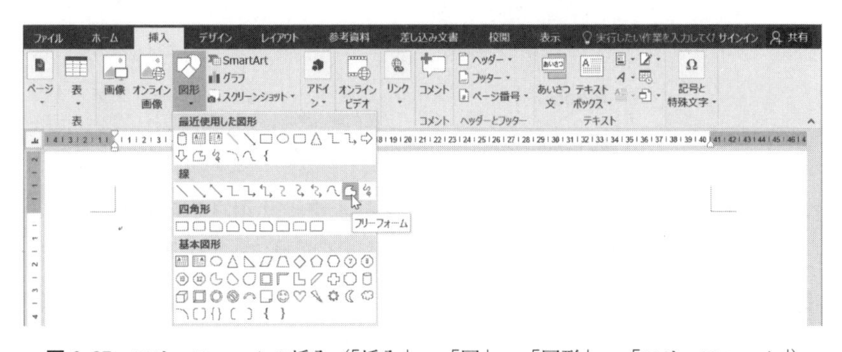

図 6.27 フリーフォームの挿入（「挿入」→「図」→「図形」→「フリーフォーム」）

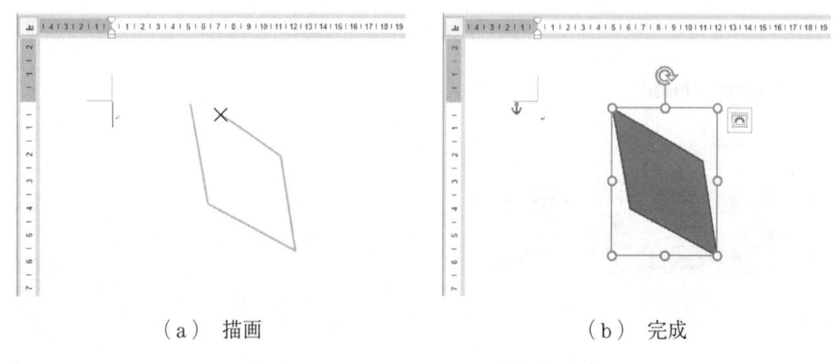

（a）　描画　　　　　　　　　　（b）　完成

図 6.28　フリーフォームの描画と完成

図 6.29 はフリーフォームで作成した図形を右クリック→「頂点の編集」で，各頂点の編集を開始した状態である。頂点は黒いマークで表されマウスで個々に移動でき，また追加や削除ができる。

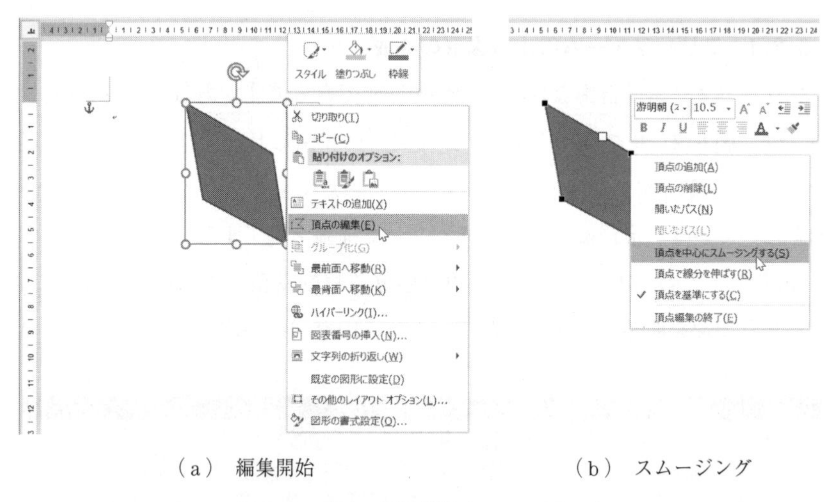

（a）　編集開始　　　　　　　　（b）　スムージング

図 6.29　頂点の編集開始とスムージング

また，頂点の編集状態では，頂点を右クリック→「頂点をスムージングする」で曲線に変更できる。元に戻すには「頂点を基準にする」を選択する。

図 6.30（a）は「頂点をスムージングする」の状態で，図（b）は「頂点を基準にする」の状態でそれぞれ調整しているところである。操作は，黒い

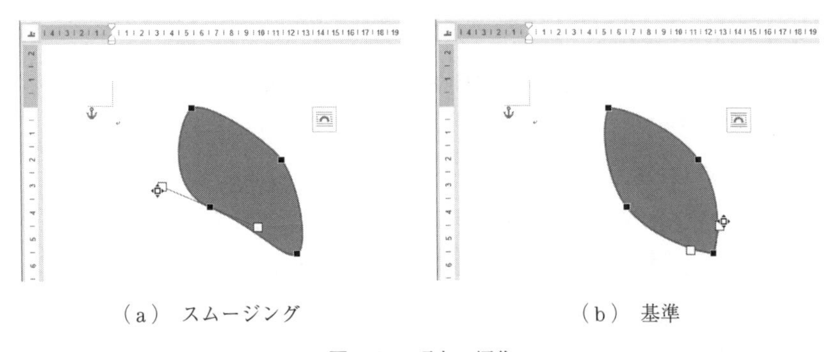

（a） スムージング　　（b） 基準

図 6.30　頂点の編集

マークで頂点位置を調整し，白いハンドルマークでカーブの形状や頂点の角度を調整する。

図 6.31 は，頂点の編集，フリーフォームの追加，塗りつぶし，図形のグループ化，コピー，回転などを使用して作成したオリジナルの図形である。この例では，以下の作業手順によって比較的素早く作成している。

- **葉の輪郭をフリーフォームで一つ作成する。**
- **茎部分をフリーフォームで一つ作成する。**
- **葉の筋状部分を一つ作成してコピーする。**
- **二つになった葉の筋状部分をグループ化してコピー・反転・縮小する。**
- **以上の 1 枚分の完成した葉をグループ化する。**
- **グループ化した葉を二つコピー・回転・反転する。**

図 6.31　フリーフォームで作成したオリジナルの図形

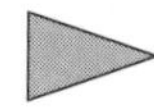 6.3　段組みとページ設定 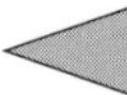

6.3.1　段　　組　　み

段組みは1ページを左右に分割するレイアウト形式である。操作は**図 6.32**のように「レイアウト」→「ページ設定」→「段組み」で段数を選択する。

図 6.33は二段組みを適用した例である。文章中の文字列の流れは，1ページ目の左の段の上から下へと文字が流れ，最下行までいくと右の段へ移る。

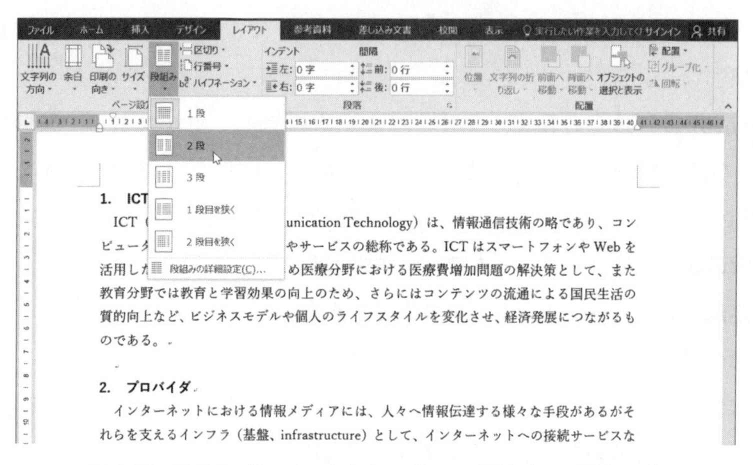

図 6.32　段組み（「レイアウト」→「ページ設定」→「段組み」）

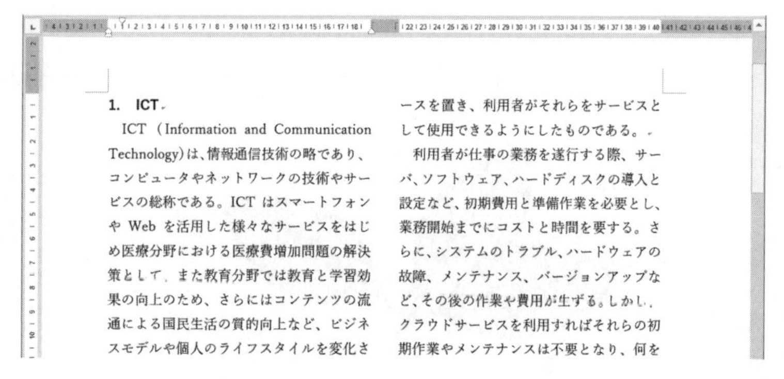

図 6.33　二段組みにした状態

ページのレイアウトを確認する際は，印刷プレビュー機能を使用する。それには**図 6.34** のように「ファイル」→「印刷」を選択すると，印刷の設定と実行の画面が表示され，同時に**図 6.35** のような印刷プレビューが確認できる。

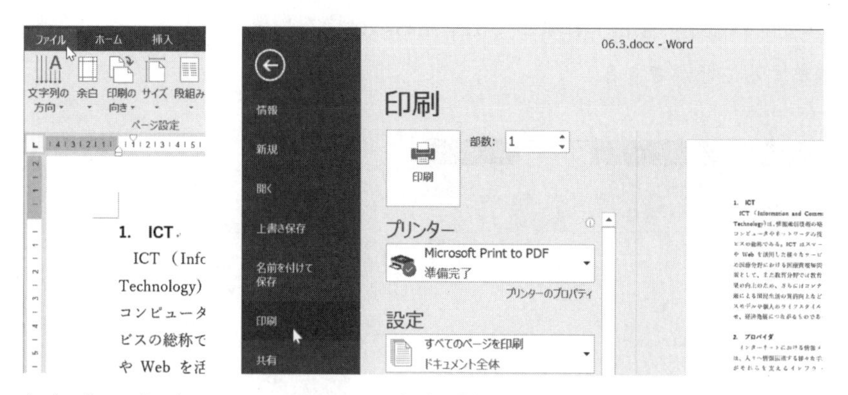

（a）「ファイル」メニューの選択　　（b）「印刷」メニューの選択

図 6.34　印刷とプレビュー（「ファイル」→「印刷」）

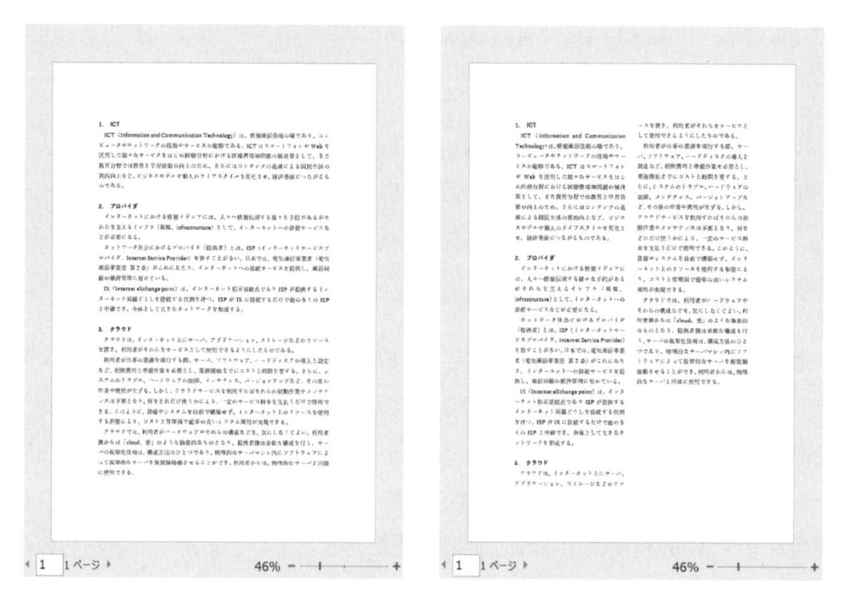

（a）1段組みの場合　　（b）2段組みの場合

図 6.35　印刷プレビューの結果

6.3.2 ペ ー ジ 余 白

ページの余白は，**図 6.36** のように「レイアウト」→「ページ設定」→「余白」をクリックして余白の設定パターンを選択するか，メニュー最下部の「ユーザー設定の余白」によって上下左右の余白を数値入力することで詳細に調整することができる。

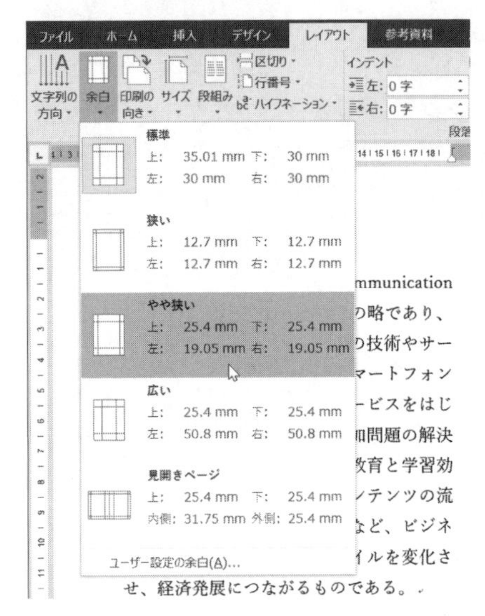

（a）余白の選択

（b）余白を「やや狭い」にした場合の印刷プレビュー

図 6.36 ページ余白の設定（「レイアウト」→「ページ設定」→「余白」）

余白は資料を印刷する場合を想定して設定するとよい。例えば，資料をステープラやパンチで綴じる際，横書きの文章では左や左上などを綴じるのが一般的である。綴じる位置が紙の端から 1 ～ 1.5 cm 程度であれば，左の余白をそれ以上とらないと危険である。バインダーなどで綴じることを考えると，左余白を 2 ～ 3 cm 程度にするなど余裕を持たせるとよい。また，上下左右の余白が狭すぎると見づらくなり，プリンターによっては印刷されない場合もある。適度な余白を考慮しておきたい。

7 Excel ― 数式と算術関数 ―

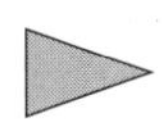

7.1 ワークシートとセルの基本

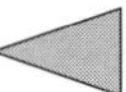

7.1.1 各部の名称

図 7.1 に Excel 画面の各部名称やおもな編集機能のボタンを示す。Excel の文書データはワークブックと呼ばれ，その中に複数のワークシートを含むこと

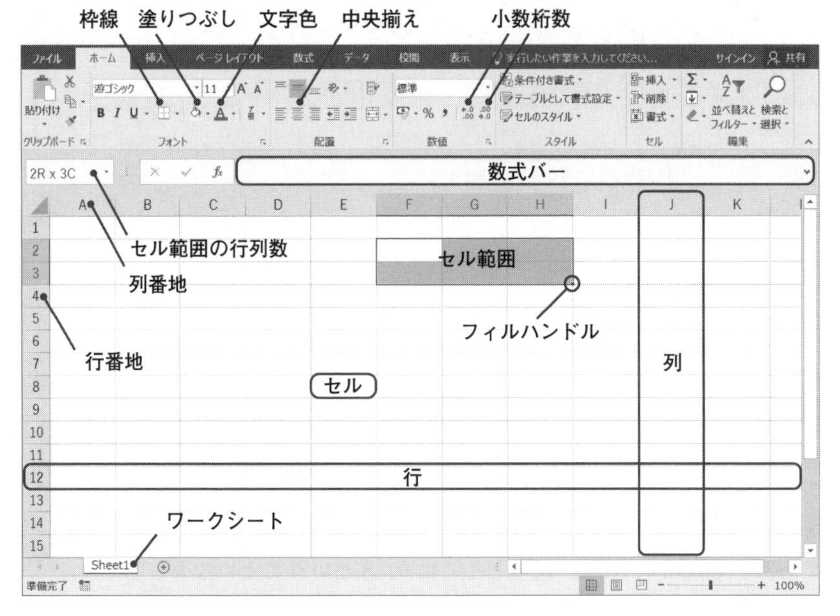

図 7.1 Excel 画面の各部名称

ができる。ワークシートは行と列による表形式の構造で，個々のマスをセルと呼ぶ。セルには文字列，数値データ，数式が入力でき，さらにセルごと書式が設定できる。数式が入力されたセルには，その計算式に従って計算された値が表示される。

7.1.2　セルの値・数式・書式

図 7.2 は距離と時間から速度を算出する数式の例である。距離の 42.195 という数値が B 列の 3 行目，つまりセル番地でいうと B3 に入力されている。同様に時間の 4.5 が C3 に入力されている。そして D3 には速度を求める数式 =B3/C3 が入力されており，距離 ÷ 時間が計算されて速度の値 9.376 666 667 が D3 に自動的に計算される。

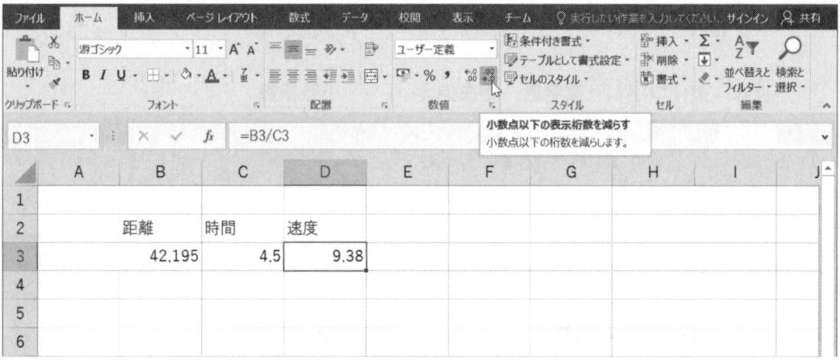

図 7.2　数式を使った速度計算と小数点以下の桁制御

この結果に対して，「ホーム」→「数値」→「小数点以下の表示桁数を減らす」ボタンを使って，小数点以下を 2 桁まで表示する書式を設定すると 9.38 と表示される。書式は表示方法だけを制御する機能なので，数式の計算値は 9.376 666 667 という正確な値が内部で保たれている。つまりセルの値としては 9.376 666 667 であり，表示としては 9.38 ということになる。

7.1.3 セル番地・式・四則演算

図7.3の速度計算は,「時」,「分」,「秒」に分けられた詳細なデータから計算する例である。まず,時(C3),分(D3),秒(E3)から時間を求める数式 =C3+D3/60+E3/3600 を F3 に入力する。そして,距離(B3),時間(F3)から速度を求める数式 =B3/F3 を G3 に入力する。

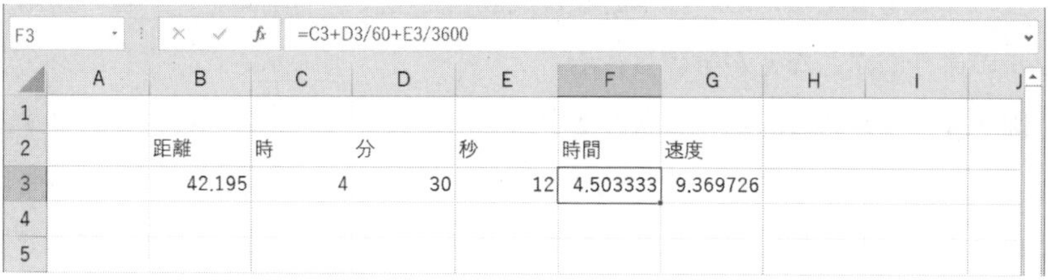

F3 =C3+D3/60+E3/3600

	A	B	C	D	E	F	G	H	I
1									
2		距離	時	分	秒	時間	速度		
3		42.195	4	30	12	4.503333	9.369726		
4									
5									

図7.3 時・分・秒のデータを使った速度計算

数式の計算ルールは算数と同様であり,**表7.1**のように四則演算や括弧などの演算子に加え,文字列連結演算子や比較演算子などが用意されている。また,算数と同様に演算子の優先順位がある。例えば,掛け算(*)は足し算(+)よりも優先順位が高い。なお,数式入力の際は先頭に等号(=)を付ける。

表7.1 演算子と優先順位

	演算子	名称	数式例	計算例
高	( )	括弧	=(A1+A2)/A3	(10+5)/2 → 7.5
↑	%	パーセント	=A1/A2%	10/50% → 20
優先順位	^	べき算	=A1^A2	10^2 → 100
	* /	乗算 除算	=A1*A2	10/50 → 0.2
	+ -	加算 減算	=A1+A2	10+2 → 12
↓	&	文字列の連結	=A1&A2	50&"点" → "50点"
低	= <> >= <= > <	等しい 等しくない 以上 以下 大なり 小なり	=A1=A2 =A1>=A2 =A1>A2	10=2 → FALSE 10>=2 → TRUE 10>2 → TRUE

Excelではこれらの演算子のほかに多くの関数が用意されており,数学関数,統計関数,財務関数,日付関数,文字列関数,論理関数,検索関数,データベース関数などさまざまな分野の演算が関数として利用できる。このような

汎用性の高い関数機能を活用して簡易な業務用システムを構築する事例もある。

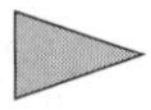

7.2 表の体裁とセル書式

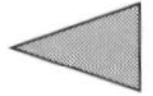

7.2.1 罫　線　と　色

表の体裁を整えるための基本的な書式設定として，列幅調整，罫線の適用，セルの塗りつぶしなどが挙げられる。

図 7.4 は，B 列にある各商品の文字列表示が欠けているので列幅を調整するところである。B 列の幅を自由に広げるにはシート上部の B 列と C 列の間にマウスカーソルを持ってきて境界を右にドラッグすればよい。また，境界でダブルクリックすると，**図 7.5** のように B 列のデータのうち最大長のものに合わせて最適な列幅に自動調整される。

	A	B	C	D	E	F	G	H	I	J
1										
2										
3		商品	税込み価格	数量	金額(円)					
4		Buletoothマ	1577	2	3154					
5		USBメモリ	700	4	2800					
6		LANケーブ	550	1	550					
7		合計	2827	7	6504					
8										
9										

図 7.4　列幅の調整

	A	B	C	D	E	F	G	H	I
1									
2									
3		商品	税込み価格	数量	金額(円)				
4		Buletoothマウス	1577	2	3154				
5		USBメモリ	700	4	2800				
6		LANケーブル	550	1	550				
7		合計	2827	7	6504				
8									
9									

図 7.5　最適な列幅に調整された状態

罫線を適用する際は，対象範囲を選択して罫線パターンや太さなどを指定する。範囲内で異なる罫線を使い分ける際は，部分選択して罫線を適用していく。

図 7.6 は，まず範囲全体に罫線を適用する例である。範囲を選択して「ホーム」→「フォント」→「罫線」ボタンの右側矢印ボタンをクリックし，罫線パターンから「格子」を選択する。結果は**図 7.7** のようになる。

ファイル
ホーム
挿入
ページレイアウト
数式
データ
校閲
表示
游ゴシック
11
標準
条件付き書式
テーブルとして書
セルのスタイル
貼り付け
クリップボード
フォント
配置
数値
スタイル
B3
商品
A
B
C
D
E
F
商品　税込み価格　数量　金額(円)
Buletoothマウス　1577　2　3154
USBメモリ　700　4　2800
LANケーブル　550　1　550
合計　2827　7　6504
罫線
下罫線(O)
上罫線(P)
左罫線(L)
右罫線(R)
枠なし(N)
格子(A)
外枠(S)
太い外枠(T)
下二重罫線(B)
下太罫線(H)
上罫線 + 下罫線(D)
上罫線 + 下太罫線(C)
上罫線 + 下二重罫線(U)
罫線の作成
罫線の作成(W)
罫線グリッドの作成(G)
罫線の削除(E)
線の色(I)
線のスタイル(Y)
その他の罫線(M)...

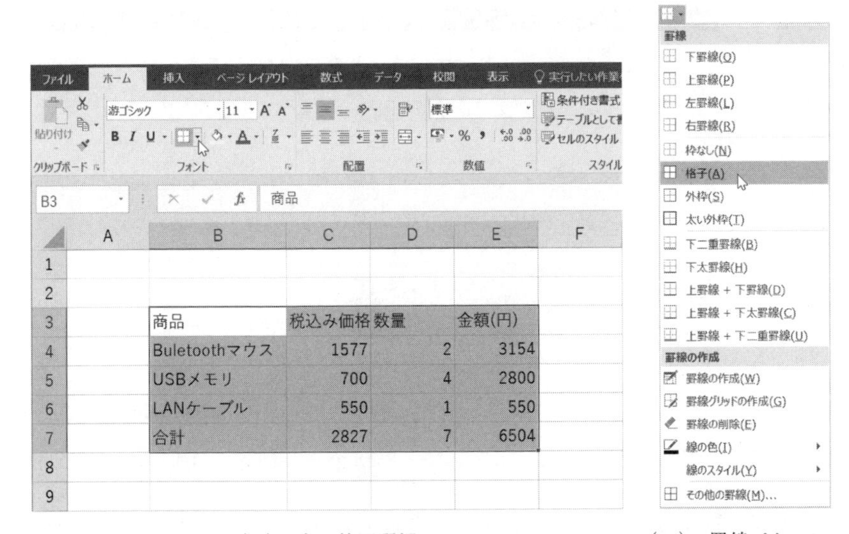

（a）　表の範囲選択　　　　（b）　罫線パターン

図 7.6　範囲全体に罫線を適用（「ホーム」→「フォント」→「罫線」→「格子」）

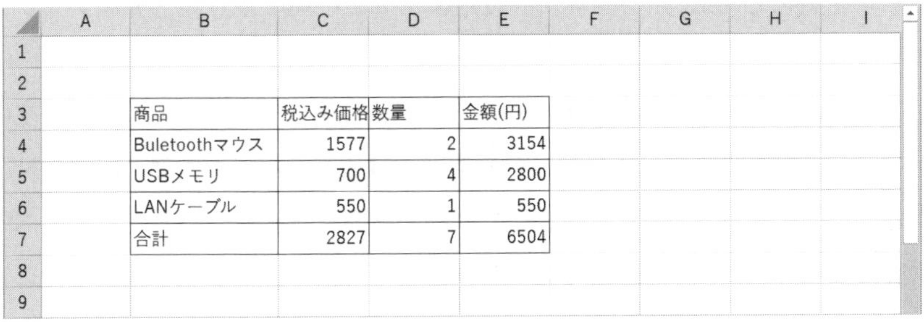

A
B
C
D
E
F
G
H
I
商品　税込み価格　数量　金額(円)
Buletoothマウス　1577　2　3154
USBメモリ　700　4　2800
LANケーブル　550　1　550
合計　2827　7　6504

図 7.7　格子罫線が適用された状態

このシートの行は商品名，価格，数量，金額を集計したものであるが，三つの商品を仕切る横罫線（4–5 行間，5–6 行間の 2 本）を細い線に変更する。操作は，**図 7.8** のように 3 行分の商品の範囲を選択しておきセルの書式設定を行う。セルの書式設定は，「ホーム」→「セル」→「書式」→「セルの書式設定」か，選択セル範囲の右クリック→「セルの書式設定」のどちらかで行う。

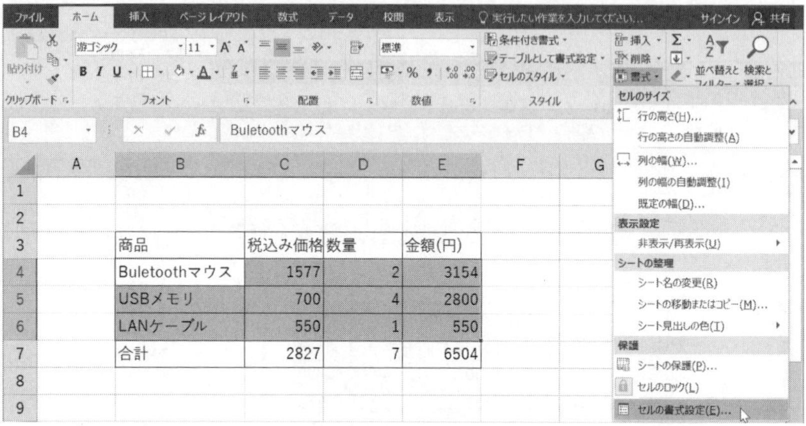

	A	B	C	D	E
1					
2					
3		商品	税込み価格	数量	金額(円)
4		Buletoothマウス	1577	2	3154
5		USBメモリ	700	4	2800
6		LANケーブル	550	1	550
7		合計	2827	7	6504

図 7.8　商品の仕切り罫線の変更（「ホーム」→「セル」→「書式」→「セルの書式設定」）

つぎに，**図 7.9** のように「セルの書式設定」ウィンドウが開く。このウィンドウでは罫線を含めセルに対するさまざまな書式を詳細に設定することができる。ここで「罫線」タブを選択し，「線」→「スタイル」から細線（「なし」の下）を選択しておき，「罫線」の設定エリアで中央の横罫線部分をクリックする。

この罫線の設定方法において，外周部の罫線は選択したセル範囲の外周部に対応し，中央の縦罫線と横罫線はセル範囲の外周部を除いた内部の罫線に対応する。この例では，4 ～ 6 行の 3 行分のセル範囲を選択しているので，内部の横罫線は 4–5 行間，5–6 行間の 2 本のみが該当し細罫線に変更され，それ以外は変更されない。

同様の方法によって，今度は「合計」行の上部横罫線を二重線にしてみる。**図 7.10** のように「合計」行の B7 ～ E7 のセルを選択しておき，再び「セルの

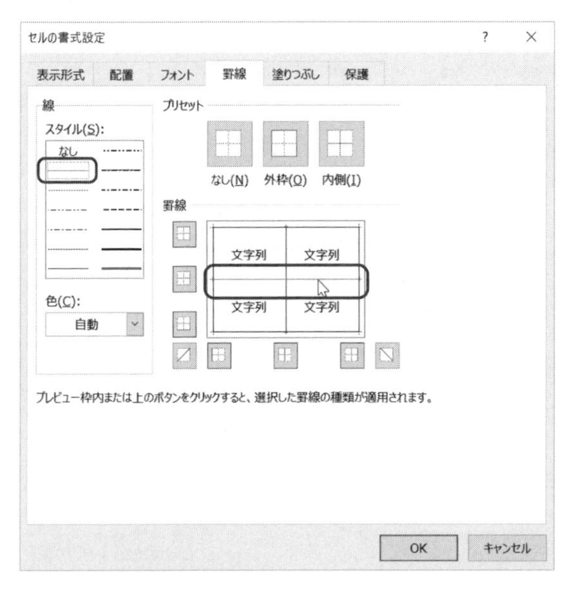

図 7.9　罫線の詳細設定（「セルの書式設定」→「罫線」）

	A	B	C	D	E
1					
2					
3		商品	税込み価格	数量	金額(円)
4		Buletoothマウス	1577	2	3154
5		USBメモリ	700	4	2800
6		LANケーブル	550	1	550
7		合計	2827	7	6504
8					
9					

図 7.10　集計行に二重線を付ける

書式設定」を行う。

図 7.11 のように「セルの書式設定」ウィンドウでは，今度は「罫線」タブにおいて「線」→「スタイル」から二重線（リストの右下）を選択しておき，

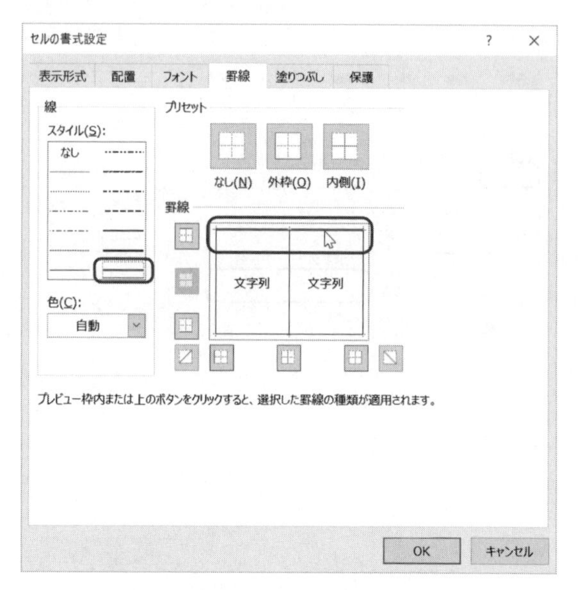

図 7.11　選択範囲の上部を二重線にする

「罫線」の設定エリアで上部の横罫線部分をクリックする。すると，選択したセル範囲の外周部のうち上部横罫線のみが変更対象となり，これで「合計」行の上（6-7 行間）が二重線に変更される。

つぎに，3 行目にある先頭行（見出し行）を強調する。「合計」行の要領で見出し行の下に二重線や太線を適用してもよい。ここでは，見出し行のセルを塗りつぶすことにする。

図 7.12 のように見出し行 B3 ～ E3 を選択しておき，「ホーム」→「フォント」→「塗りつぶしの色」によって色を選択する。見出しの文字とのコントラストを考慮して，薄い色を選択するとよい。この例では「青，アクセント 5, 白＋基本色 80 %」を選択している。

図 7.13 では見出し行のセルを中央揃えにしている。操作は見出し行のセルを選択しておき，「ホーム」→「配置」→「中央揃え」をクリックする。

また，表全体を範囲選択して「ホーム」→「フォント」→「罫線」ボタンの右側矢印ボタンをクリックし，罫線パターンから「太い外枠」を選択する。こ

図 7.12　セルの塗りつぶし（「ホーム」→「フォント」→「塗りつぶしの色」）

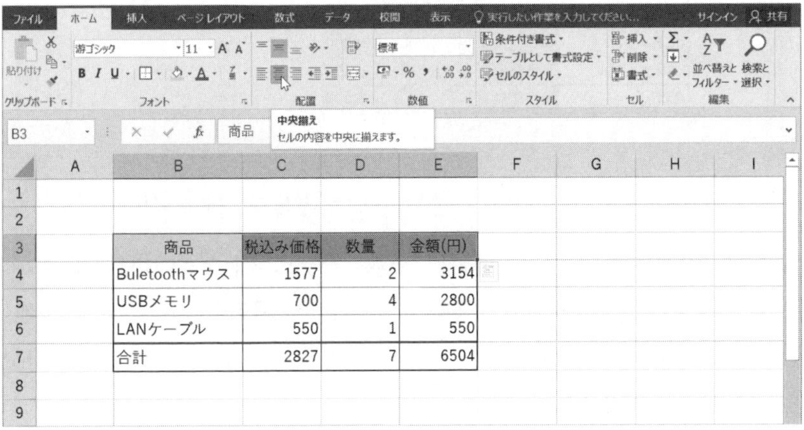

図 7.13　セルの中央揃え（「ホーム」→「配置」→「中央揃え」）

れで表の外周部のみの罫線が太くなる。

今回の表罫線では，外枠および格子状の罫線パターンとしたが，専門書，学術書，論文などでは縦罫線は付けず，横罫線も最低限のケースや外枠のみの表もある。目的媒体における書式に従った表の書き方や，他の例などを参考にして表をデザインするとよい。

7.2.2 セルの表示形式

数値データは桁数が多くなると見づらいので，一般的には3桁ごとにカンマで区切って表示することが多い。**図7.14**のように数値のセル範囲（C4～E7）を選択しておき「ホーム」→「数値」→「桁区切りスタイル」をクリックすると3桁カンマ区切りの表示書式が適用される。

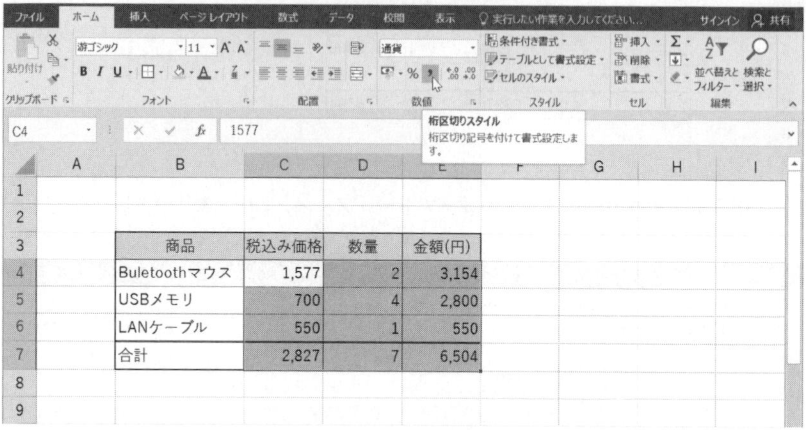
ファイル
ホーム
挿入
ページレイアウト
数式
データ
校閲
表示
実行したい作業を入力してください...
サインイン
共有
貼り付け
クリップボード
游ゴシック
11
フォント
配置
通貨
数値
条件付き書式
テーブルとして書式設定
セルのスタイル
スタイル
挿入
削除
書式
セル
並べ替えと フィルター
検索と 選択
編集
桁区切りスタイル
桁区切り記号を付けて書式設定します。
C4
1577
商品
税込み価格
数量
金額(円)
Buletoothマウス
1,577
2
3,154
USBメモリ
700
4
2,800
LANケーブル
550
1
550
合計
2,827
7
6,504

図7.14　数値の3桁カンマ区切り（「ホーム」→「数値」→「桁区切りスタイル」）

表示形式には，通貨，日付，時刻，小数，パーセントなどの種類があるが，ユーザーによって形式を作成することもできる。**図7.15**のように，「金額」の数値セル（E4～E7）を選択してこれらの数値に「円」という文字列を付加した表示にカスタマイズしてみる。

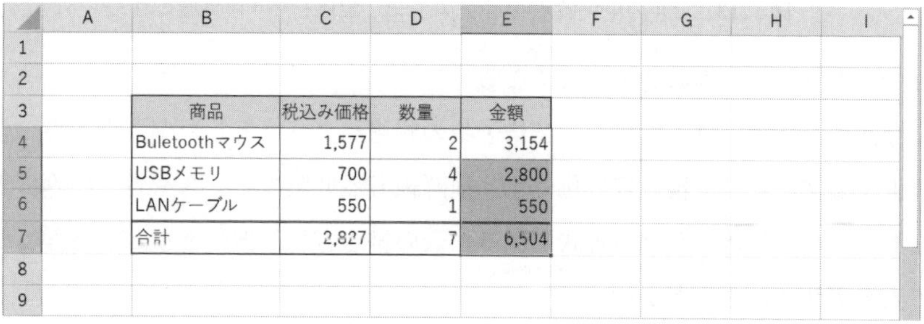
商品
税込み価格
数量
金額
Buletoothマウス
1,577
2
3,154
USBメモリ
700
4
2,800
LANケーブル
550
1
550
合計
2,827
7
6,504

図7.15　表示形式をカスタマイズする

これまでと同様に「ホーム」→「セル」→「書式」→「セルの書式設定」か，選択セル範囲の右クリック→「セルの書式設定」を選択する。そして，**図 7.16** の「セルの書式設定」ウィンドウにおいて「分類」から「ユーザー定義」を選択しておき，「種類」に「#,##0 円」という表示形式を入力する。

図 7.16　ユーザー定義の表示書式の作成（「セルの書式設定」→「表示形式」）

結果は**図 7.17** のように「3,154 円」と文字列付きの表示形式になる。

表示形式は書式文字列によって表現されており，今回使用した記号の意味はつぎのとおりである。

0　…　**数値を表示。**

#　…　**数値を表示，ただし 0 の場合は表示しない。**

,　…　**カンマ記号，桁数が長いと繰り返し表示する。**

#,##0 円

…　**3 桁カンマ区切り，セルの値が 0 のとき 0 を表示，「円」を付加。**

	A	B	C	D	E	F	G	H	I
1									
2									
3		商品	税込み価格	数量	金額				
4		Buletoothマウス	1,577	2	3,154円				
5		USBメモリ	700	4	2,800円				
6		LANケーブル	550	1	550円				
7		合計	2,827	7	6,504円				
8									
9									

図 7.17　表示形式によって金額に「円」をつけた状態

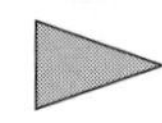

7.3　関数と数値計算

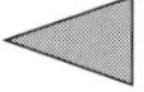

7.3.1　SUM 関数・AVERAGE 関数

関数は数式の中で使用でき，関数によっては引数（ひきすう）をとるものがある。複数の数値の合計および平均を求める SUM 関数および AVERAGE 関数は，つぎの形式のように引数を受け取って値を返す。これらの引数である「範囲」はセル番地を用いて連続セル（セル範囲）を指定する。例えば範囲に A3:A10 と記述すると，A3 ～ A10 のセル範囲に対して合計や平均を求める。

- **=SUM（範囲）**　　　　…　**範囲の中の数値セルの合計値を返す。**
- **=AVERAGE（範囲）**　…　**範囲の中の数値セルの平均値を返す。**

SUM 関数の使用例として，**図 7.18** のように合計 E3 に数式 =SUM

E3　　=SUM(B3:D3)

	A	B	C	D	E	F	G	H	I
1									
2		国語	数学	英語	合計	平均			
3		70	60	50	180				
4		66	88	77					
5		85	44	75					
6									
7									

図 7.18　SUM 関数による合計

(B3:D3) を入力すると，B3 ～ D3 のセル範囲，つまり国語，数学，英語の 3 科目の点数に対し合計が計算される。

また AVERAGE 関数の使用例として，**図 7.19** では F3 に数式 =AVERAGE (B3:D3) を入力して 3 科目の平均点を計算している。

F3 =AVERAGE(B3:D3)

	A	B	C	D	E	F	G	H	I	J
1										
2		国語	数学	英語	合計	平均				
3		70	60	50	180	60				
4		66	88	77						
5		85	44	75						
6										
7										

図 7.19 AVERAGE 関数による平均

SUM 関数および AVERAGE 関数は範囲の数値セルを計算対象とする。すなわち範囲内に空白セルなどが含まれていれば無視されるので，SUM の場合は合計計算に加えられることがなく，また AVERAGE 関数の場合は割り算の分母の数に影響する。例えば，範囲内のセルが 5 個あり，そのうち数値セルが 3 個で空白セルが 2 個あれば，AVERAGE 関数は 3 個の数値を合計して 3 で割る。しかし，空白セルに 0 を入力すると 0 は数値なので，5 個の数値を合計して 5 で割ることになる。

図 7.20 は 3 行目に入力した数式を 4 ～ 5 行目にコピーする例である。この

C	D	E	F
数学	英語	合計	平均
60	50	180	60
88	77		
44	75		

ドラッグコピー

（a） 下へコピー

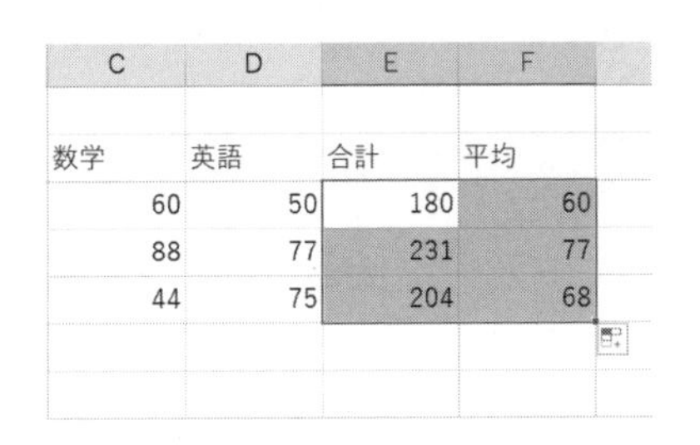

C	D	E	F
数学	英語	合計	平均
60	50	180	60
88	77	231	77
44	75	204	68

（b） 数式がコピーされた状態

図 7.20 数式のドラッグコピー（縦方向）

例では，合計と平均のセル範囲 E3 ～ F3 を選択しておき，セル範囲の右下のフィルハンドル（四角いマーク）を下方向にマウスドラッグすることでコピーできる。数式をコピーすると数式内のセル番地が適切に変化するので，各行の合計と平均は正しく計算されている。例えば，E3 の数式 =SUM(B3:D3) が E4 にコピーされると =SUM(B4:D4) に変化し，4 行目の点数の合計を計算するようになる。

図 7.21 は数式を横方向にコピーする例である。B6 には 3 行分の国語の平均値を求める数式 =AVERAGE(B3:B5) が入力されており，F 列までドラッグコピーすると残りの科目，合計，平均のすべての列において，縦方向の平均が計算される。例えば平均の F6 は =AVERAGE(F3:F5) という数式になっており，F 列の縦の平均が計算されている。

B6　=AVERAGE(B3:B5)

	A	B	C	D	E	F	G	H	I
1									
2		国語	数学	英語	合計	平均			
3		70	60	50	180	60			
4		66	88	77	231	77			
5		85	44	75	204	68			
6		73.7							
7									
8									

ドラッグコピー

（a） 右へコピー

	A	B	C	D	E	F	G	H	I
1									
2		国語	数学	英語	合計	平均			
3		70	60	50	180	60			
4		66	88	77	231	77			
5		85	44	75	204	68			
6		73.7	64.0	67.3	205.0	68.3			
7									
8									

（b） 数式がコピーされた状態

図 7.21　数式のドラッグコピー（横方向）

以上のように関数の引数にセル範囲などを与えると，コピーした際に自動的にセル番地が変化する。

7.3.2 AVERAGE 関数と割り算による平均の違い

図 7.22 では，平均計算に AVERAGE 関数を使った数式と合計値を割り算する数式の 2 種類を用いている。

G4　=SUM(B4:E4)/4

	A	B	C	D	E	F	G	H	I	J
1										
2		国語	数学	英語	理科	平均(関数)	平均(除算)			
3		70	60	50	70	62.5	62.5			
4		66	88	77		77	57.75			
5		85	44	75	60	66	66			
6										
7										

図 7.22　AVERAGE 関数と割り算による平均計算の違い

国語，数学，英語，理科の 4 科目の平均点を求めるために，F4 には =AVERAGE(B4:E4) が，G4 には =SUM(B4:E4)/4 が入力されている。どちらの数式も同じ計算をしているように見えるが，結果は 77 と 57.75 と異なっている。これは理科の点数が空欄であることが影響している。

AVERAGE 関数は空欄のセルを無視して，数値の入力されたセルだけを対象として平均計算するため，3 科目の平均点となっている。一方，割り算を使った数式は SUM 関数で得られた 3 科目分の合計点を 4 で割っているため，4 科目の平均点となる。

どちらの計算方法が妥当であるかはケースバイケースなので考えて使い分けることになる。

7.3.3 MAX 関数・MIN 関数

MAX 関数と MIN 関数はセル範囲の数値の最大値と最小値を求め，つぎのような形式で使用する。

• =MAX（範囲）　… 範囲内の最大値を返す。

• =MIN（範囲）　… 範囲内の最小値を返す。

図 7.23 では H3 の数式 =MAX（B3:G3）によって 4 ～ 9 月のデータの最大値が得られ，同様に I3 の数式 =MIN(B3:G3) によって最小値が得られている。

H3　=MAX(B3:G3)

	A	B	C	D	E	F	G	H	I
1									
2		4月	5月	6月	7月	8月	9月	最大	最小
3		60	45	77	123	86	99	123	45
4									
5									

図 7.23　MAX 関数と MIN 関数による最大値と最小値

MAX 関数，MIN 関数を利用して，データを一定範囲に収める数値処理ができる。つぎの数式は A1 の値が ± 100 の範囲に収まるように超過分をカット，あるいは不足分を補うように値を修正するもので，(例 1)，(例 2) のように働く。

=MAX(－100, MIN(100, A1))　…　A1 の値を －100 ～ 100 の範囲に収める。

(例 1)　=MAX(－100, MIN(100, 123)) → MAX(－100, 100) → 100

…　123 が 100 になる。

(例 2)　=MAX(－100, MIN(100, －111)) → MAX(－100, －111) → －100

…　－111 が －100 になる。

7.3.4　MOD　関　数

MOD 関数は割り算の余り（剰余）を求める。この関数は引数が二つあり，つぎのような形式で使用する。

• =MOD（被除数 , 除数）　…　被除数を除数で割った余りを返す。

図 7.24 では 0 ～ 8 までの数値を 3 で割った時の余りを 3 行目に計算している。例えば E3 の数式 =MOD(E2,3) では 4 ÷ 3 の余り 1 が表示されている。

E3 =MOD(E2,3)

	A	B	C	D	E	F	G	H	I
1									
2	0	1	2	3	4	5	6	7	8
3	0	1	2	0	1	2	0	1	2
4									
5									

図 7.24 MOD 関数による剰余

7.3.5 INT 関数・ROUND 関数

数値の端数処理として，INT 関数は小数の切り捨てを行い，ROUND 関数は任意の桁で四捨五入を行う。これらはつぎのような形式で使用する。

- **=INT（数値）** … **数値の小数点以下を切り捨てる。**
- **=ROUND（数値，桁数）** … **桁数で数値を四捨五入する。**

図 7.25 では C3 の数式 =A3/B3 によって 8.790 625 と計算される。この数式を =INT(A3/B3) にすると小数部が切り捨てられて値は 8 となる。

C3 =A3/B3

	A	B	C	D
1				
2	距離	時間	速度	
3	42.195	4.8	8.790625	
4				
5				

（a） 切り捨て前

C3 =INT(A3/B3)

	A	B	C	D
1				
2	距離	時間	速度	
3	42.195	4.8	8	
4				
5				

（b） 切り捨て後

図 7.25 INT 関数による切り捨て

ROUND 関数は，第 2 引数に小数の桁数を指定する。**図 7.26**（a）では C3 の数式 =ROUND(A3/B3,0) によって小数 0 桁で四捨五入され，また図（b）では =ROUND(A3/B3,1) によって小数 1 桁で四捨五入されている。

これらの数値計算は書式設定による小数点以下の表示桁数制御と異なり，セルの値を加工するものである。例えば，3.333 333 を書式設定で 3.3 と表示し

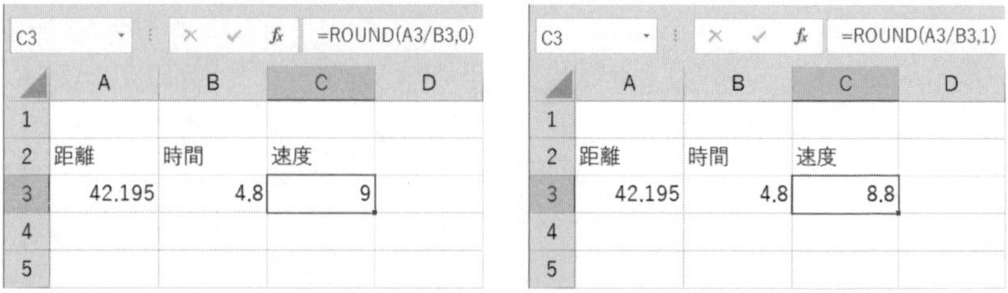

C3 =ROUND(A3/B3,0)

	A	B	C	D
1				
2	距離	時間	速度	
3	42.195	4.8	9	
4				
5				

（a） 小数0桁

C3 =ROUND(A3/B3,1)

	A	B	C	D
1				
2	距離	時間	速度	
3	42.195	4.8	8.8	
4				
5				

（b） 小数1桁

図7.26 ROUND関数による四捨五入

てもセルの値は内部的に3.333 333を保っているが，ROUND関数を使って3.3にするとセルの値が3.3に加工される。

なお，ROUND関数は第2引数に負の値を指定することもできる。その場合は小数点から左側（整数部分）の桁で四捨五入ができる。つぎの例では，金額を千円単位に四捨五入するために第2引数に「−3」を指定している。

- **（例1） =ROUND(12345, −3)　→　12 000**
- **（例2） =ROUND(34567, −3)　→　35 000**

8 Excel ― 相対参照と絶対参照 ―

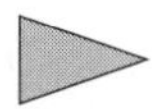 8.1　相対参照と絶対参照 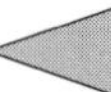

8.1.1　相対参照と絶対参照の性質

数式内でセル番地やセル範囲を使用（参照）する際，相対参照と絶対参照の2種類によるセル番地の表記方法がある。例えばB列2行のセル番地は，相対参照ではB2，絶対参照では$B$2というように表す。両者はともにB列2行のセルを参照するものであるが，数式をコピーしたときに違いが現れる。

図8.1は，数式の入力されたD4のセルを上下左右のセルにコピーした場合に，それらの数式を表したものである。図（a）では，相対参照で入力された=B2をコピーすると行あるいは列の番地が変化している。一方，図（b）では，絶対参照で入力された =$B$2 をどこにコピーしても =$B$2 のまま変化

D4　=B2

	A	B	C	D	E
1					
2		123			
3				=B1	
4			=A2	=B2	=C2
5				=B3	
6					
7					

（a）　相対参照

D4　=$B$2

	A	B	C	D	E
1					
2		123			
3				=$B$2	
4			=$B$2	=$B$2	=$B$2
5				=$B$2	
6					
7					

（b）　絶対参照

図8.1　数式をコピーした際の違い

しない。

表 8.1 は，相対参照と絶対参照について，数式をコピーした場合にどのような規則性で変化するのかをまとめたものである。表中の□で囲まれた部分が数式コピーによって変化する部分である。まず，絶対参照ではコピーしても変化しない。そして相対参照では，列が変わる横方向にコピーすると列番地が変化し，行が変わる縦方向にコピーすると行番地が変化する。この変化量は 1 列右にコピーすると 1 列分変化し，2 列右にコピーすると 2 列分変化する。

表 8.1　相対参照と絶対参照

セル参照	セル番地	右にコピー（列方向）	下にコピー（行方向）
相対参照	**B2**	[C]2 **列番地が変化**	[B]3 **行番地が変化**
絶対参照	**$B$2**	**$B$2** **変化なし**	**$B$2** **変化なし**

通常，数式におけるセル番地は相対参照が比較的多い。データの合計・平均計算などにおいて，1 行目のデータに対する計算式を入力しそれを 2 行目にコピーする際，行番地の 1 が 2 に変化するおかげで 2 行目では 2 行目のデータに対して計算されるので都合がよい。これが絶対参照だとまったく変化しないので，2 行目であっても 1 行目のデータが計算されて意味がない。絶対参照は特別なケースで使用される。

8.1.2　比率計算と数式コピー

ここでは絶対参照を使用するケースを考えてみる。**図 8.2** は，血液型人数データから合計を求め，各血液型の割合を求める比率計算である。C2 に数式 =B2/B6 を入力し，A 型の人数を合計人数で割り算して求めている。

A 型の割合を数式で求めたら，パーセント表示などの書式設定を行ってからコピーする。これには，**図 8.3** のように「ホーム」→「数値」→「パーセントスタイル」を使って比をパーセント値で表示する。

コピーは，**図 8.4** のようにセルのフィルハンドルをドラッグして行う。こ

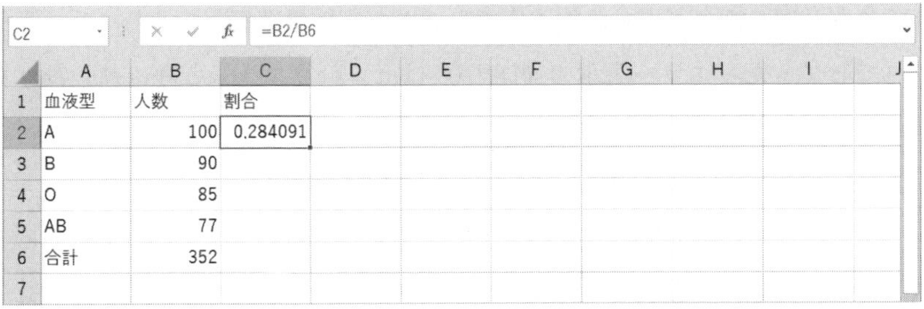

C2
=B2/B6
A B C D E F G H I J
1 血液型 人数 割合
2 A 100 0.284091
3 B 90
4 O 85
5 AB 77
6 合計 352
7

図 8.2　比率計算

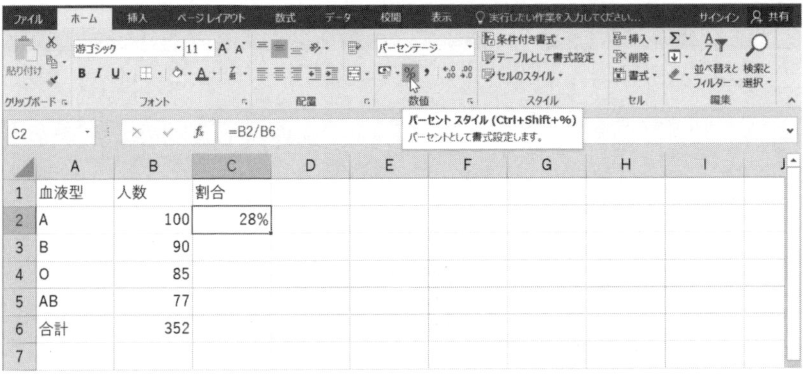

ファイル ホーム 挿入 ページレイアウト 数式 データ 校閲 表示 実行したい作業を入力してください... サインイン 共有
游ゴシック 11 パーセンテージ 条件付き書式 テーブルとして書式設定 セルのスタイル 挿入 削除 書式 並べ替えと フィルター 検索と 選択
貼り付け クリップボード フォント 配置 数値 スタイル セル 編集
パーセント スタイル (Ctrl+Shift+%)
パーセントとして書式設定します。
C2
=B2/B6
A B C D E F G H I J
1 血液型 人数 割合
2 A 100 28%
3 B 90
4 O 85
5 AB 77
6 合計 352
7

図 8.3　パーセント表示（「ホーム」→「数値」→「パーセントスタイル」）

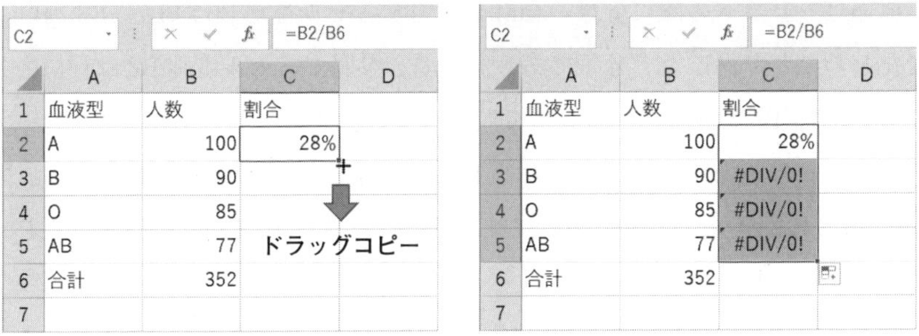

C2
=B2/B6
A B C D
1 血液型 人数 割合
2 A 100 28%
3 B 90
4 O 85
5 AB 77
6 合計 352
7
ドラッグコピー
C2
=B2/B6
A B C D
1 血液型 人数 割合
2 A 100 28%
3 B 90 #DIV/0!
4 O 85 #DIV/0!
5 AB 77 #DIV/0!
6 合計 352
7

（a）　コピー前　　　　（b）　コピー後

図 8.4　失敗する比率計算式のコピー

れで各血液型の割合が得られる予定であったが，結果は失敗でありエラー表示されてしまった。エラー表示の #DIV/0! はゼロ除算エラーと呼ばれ，割り算において 0 で割った場合に発生するものである。

エラー原因を調べるために，**図 8.5** のように「数式」→「ワークシート分析」→「数式の表示」で数式表示モードに切り替える。A 型の割合を求める数式は分母が B6 と正しく合計を参照しているが，B 型以降では分母が B7，B8，B9 と正しく合計を参照していない。B7，B8，B9 は空白のセルであるため，値が 0 とみなされてゼロ除算になってしまったようである。

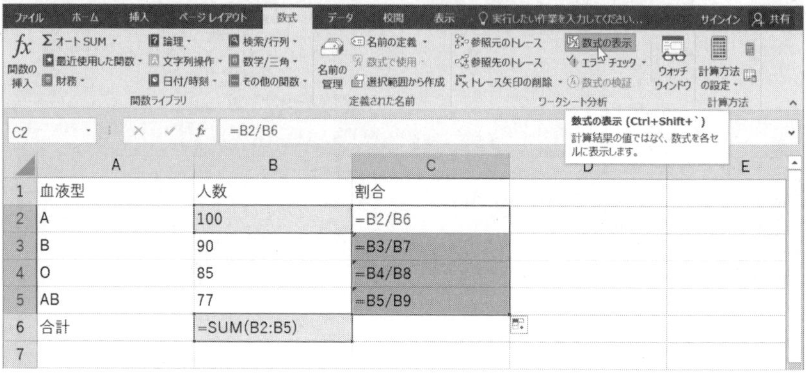

	A	B	C	D	E
1	血液型	人数	割合		
2	A	100	=B2/B6		
3	B	90	=B3/B7		
4	O	85	=B4/B8		
5	AB	77	=B5/B9		
6	合計	=SUM(B2:B5)			
7					

図 8.5　数式表示モード（「数式」→「ワークシート分析」→「数式の表示」）

原因は，コピーの際に分母の合計を参照するセル番地 B6 が B7，B8，B9 と変化したことであった。分子である血液型を参照するセル番地 B2 は行に応じて B3，B4，B5 と変化すべきなので問題はない。

そこでコピーしても分母だけは変化しないように絶対参照を利用する。**図 8.6** は C2 に数式 =B2/$B$6 を入力し再度コピーした例であり，結果は正しく割合が計算されている。

図 8.7 は絶対参照を利用してコピーした場合の数式表示モードである。A 型～ AB 型の割合の計算式はすべて分母が $B$6 であり，正しく合計を参照しているのがわかる。

C2 =B2/$B$6

	A	B	C	D
1	血液型	人数	割合	
2	A	100	28%	
3	B	90		
4	O	85		
5	AB	77	ドラッグコピー	
6	合計	352		
7				

（a）　コピー前

C2 =B2/$B$6

	A	B	C	D
1	血液型	人数	割合	
2	A	100	28%	
3	B	90	26%	
4	O	85	24%	
5	AB	77	22%	
6	合計	352		
7				

（b）　コピー後

図 8.6　成功する比率計算式のコピー

C2 =B2/$B$6

数式の表示 (Ctrl+Shift+`)
計算結果の値ではなく、数式を各セルに表示します。

	A	B	C	D	E
1	血液型	人数	割合		
2	A	100	=B2/$B$6		
3	B	90	=B3/$B$6		
4	O	85	=B4/$B$6		
5	AB	77	=B5/$B$6		
6	合計	=SUM(B2:B5)			
7					

図 8.7　数式表示モード（「数式」→「ワークシート分析」→「数式の表示」）

8.1.3　矩形範囲コピーと相対・絶対の組み合わせ

絶対参照では，**表 8.2** のように行か列の片方のみを絶対参照にすることができる。この場合数式をコピーすると絶対参照部分は一切変化しないが，相対参照部分（$がついていない部分）は相対参照のときと同じルールで変化する。

前項の血液型の割合を求める数式も，横方向のコピーがないので列番地は相対参照でもよく，=B2/B$6 というように分母のセル番地の行のみを絶対参照にするだけでも正しい結果が得られる。

表 8.2　列あるいは行のみの絶対参照

セル参照	セル番地	右にコピー（列方向）	下にコピー（行方向）
絶対参照（列のみ）	**$B2**	**$B2**	**$B3** **行番地が変化**
絶対参照（行のみ）	**B$2**	**C$2** **列番地が変化**	**B$2**

図 8.8 は片方のみの絶対参照を活用するケースとして，三つの商品の 3 か月間における販売数の構成比を求める例であり，各月の合計販売数において各商品が何パーセントを占めるかを集計するものである。E2 の数式 =B2/B$5 によって商品 S001 の 4 月の個数をその月の合計で割り，構成比 28 % が得られる。

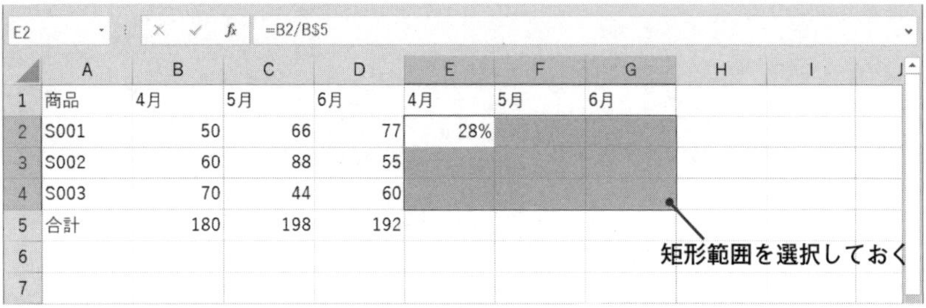

E2　=B2/B$5

	A	B	C	D	E	F	G	H	I
1	商品	4月	5月	6月	4月	5月	6月		
2	S001	50	66	77	28%				
3	S002	60	88	55					
4	S003	70	44	60					
5	合計	180	198	192					
6									
7									

矩形範囲を選択しておく

図 8.8　矩形範囲で比率計算するケース

数式の分母の B$5 については，縦方向にコピーしても正しく合計を参照するために行を絶対参照（$5）にしている。また，横方向にコピーする際，4 月の構成比は 4 月の合計を参照し，5 月の構成比は 5 月の合計を参照できるように列を相対参照（B）にして B，C，D と列番地が変化するようにしている。

E2 の数式は縦方向と横方向の 2 回に分けてコピーするほかに，1 回の操作ですべてにコピーする方法がある。図 8.8 のように E2 を開始点としてコピー対象の矩形範囲を選択しておく。つぎに，**図 8.9** のように数式バーをクリックして Ctrl+Enter キーを押すと選択範囲に一括コピーできる。

確認のため**図 8.10** のように数式表示モードで見てみると，9 か所に入力さ

数式バーをクリック，Ctrl+Enter で矩形コピー

E2　=B2/B$5

	A	B	C	D	E	F	G	H	I
1	商品	4月	5月	6月	4月	5月	6月		
2	S001	50	66	77	28%	33%	40%		
3	S002	60	88	55	33%	44%	29%		
4	S003	70	44	60	39%	22%	31%		
5	合計	180	198	192					
6									
7									

図 8.9　矩形範囲への一括コピー

E2　=B2/B$5

	A	B	C	D	E	F	G
1	商品	4月	5月	6月	4月	5月	6月
2	S001	50	66	77	=B2/B$5	=C2/C$5	=D2/D$5
3	S002	60	88	55	=B3/B$5	=C3/C$5	=D3/D$5
4	S003	70	44	60	=B4/B$5	=C4/C$5	=D4/D$5
5	合計	=SUM(B2:B4)	=SUM(C2:C4)	=SUM(D2:D4)			
6							
7							

図 8.10　数式表示モード（「数式」→「ワークシート分析」→「数式の表示」）

れた構成比の数式において，分子は各月の各商品を参照しており，分母は各月の合計を正しく参照しており適切なコピーが行われている。

数式入力は，人にとって負担でありミスしやすい作業である。数式の入力箇所が増えると，それらの負担やミスの可能性および正しく計算されたかチェックする手間も増える。複数のセルで同様の計算方法を使うのであれば，工夫することで一つの数式を入力しそれを複数箇所にコピーすればより効率的であり，ミス発生の可能性も抑えられる。

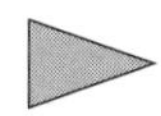

8.2　関数と絶対参照

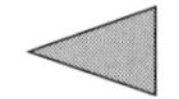

8.2.1　RANK 関数とオンラインマニュアル

関数によっては絶対参照を使うことが前提となっているものもある。RANK

関数は，ひとかたまりのデータにおいて各データが何位であるか順位を求める。

図 8.11 のように，B2 の RANK 関数を使った数式を下方向にコピーして全得点の各順位を求める。RANK 関数はつぎのような三つの引数を指定する。

- **=RANK（対象 , 範囲 , 順序）**

  第 1 引数　対象　…　順位付けする対象セル

  第 2 引数　範囲　…　全データ（この中での順位を求める。）

  第 3 引数　順序　…　0 で大きい順，1 で小さい順

図 8.11　RANK 関数による順位付け

図 8.11 の例では，A2 の得点 77 がセル範囲 A2:A7 の中で大きい順に何位か求める数式を　=RANK(A2,A$2:A$7,0)　としている。セル範囲の行番地のみを絶対参照にしているのは，数式を下方向にコピーするためである。なお，=RANK(A2,$A$2:$A$7,0)　と入力しても正しく計算され，どちらでもよい。

大量のデータの場合は数式をコピーして使うのが普通なので，RANK 関数では必然的に引数のセル範囲を絶対参照にすることになる。

今回引数を三つ指定するやや複雑な関数を使ったが，さまざまな関数の使用方法を正確に知るにはマニュアル等を調べることが基本である。**図 8.12** は数式入力時に RANK 関数を使用している場面であるが，ここでツールヒントという小さなウィンドウが表示され，引数の意味が簡単に表現されている。

さらに，ツールヒントの関数名部分をクリックすると，**図 8.13** のようなへ

図 8.12　関数使用法のヒント

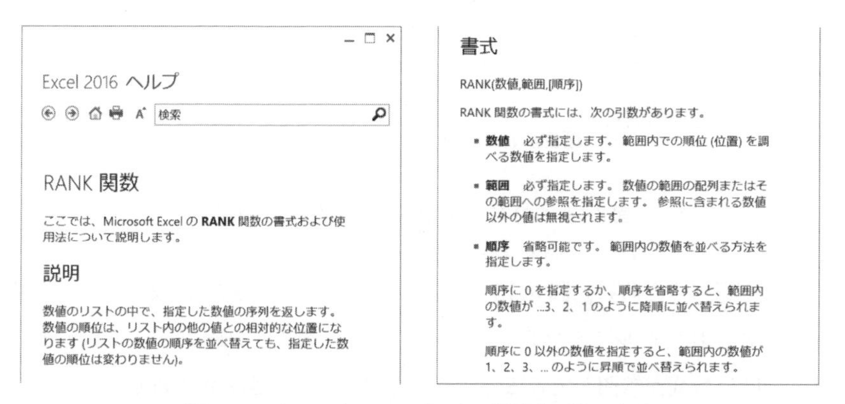

図 8.13　オンラインヘルプによる関数使用法の表示

ルプ画面が表示され，RANK 関数のマニュアルを直接見ることができる。内容は説明，書式（引数や結果の意味や形式），使用例，注意事項などである。

近年のソフトウェアは販売時にマニュアルや取扱い説明書が同梱されていないことが多く，公式マニュアルも書籍出版されず，電子情報として参照するスタイルになってきている。数百ページ規模のマニュアルを電子化することは，自然保護，低価格化，場所をとらないなど優れたメリットがある。さらに，電子情報ならではの検索機能を使って迅速に利用できる。このような使用スタイルによって情報を活用することも一つの情報スキルである。

8.2.2　RANK 関数での絶対参照指定

理解を深めるために，RANK 関数のセル範囲に絶対参照を用いる意味を考えてみる。**図 8.14** は前項の RANK 関数による数式で，絶対参照を使わなかった失敗例である。B2 に =RANK(A2,A2:A7,0) を入力して下にコピーすると，おかしな順位になっている。

図 8.14　RANK 関数に相対参照を使った失敗例

原因を調べるために，**図 8.15** のように B2 と B3 の数式を比較してみた。数式の入力されたセルをダブルクリックすると，数式が再編集できる状態となり，同時に数式が参照しているセルが色分けされて強調表示される。

SUM　=RANK(A2,A2:A7,0)

	A	B	C	D
1	得点	順位		
2	77	=RANK(A2,A2:A7,0)		
3	60	5		
4	77	3		
5	88	2		
6	90	1		
7	66	1		
8				
9				
10				

（a）　コピー元の数式

（b）　コピー先の数式

図 8.15　数式の確認による失敗原因の調査

まずコピー元のB2の数式であるが，第2引数にあたるセル範囲はA2～A7を示しており，これは正しいセル範囲である。つぎに，コピー先のB3の数式ではセル範囲がA3～A8と縦にずれている。色分けされた強調表示を見ると，先頭の77が除外され一番下に空欄のセルを含めた間違ったデータ範囲を示しているのがわかる。これはセル範囲を絶対参照で指定しなかったのでセル番地がずれたためである。

よって，B2の数式をコピーする際は =RANK(A2,A$2:A$7,0) あるいは =RANK(A2,$A$2:$A$7,0) というようにしてセル範囲を絶対参照にしておく必要がある。

RANK関数以外でも，セル範囲を引数にとる関数では絶対参照を使う場合がよくある。相対参照と絶対参照を使いこなすためには，それらの性質を知り何のためにそれら二つの表現があるのかを理解することが重要である。

9 Excel — フィルターと並べ替え —

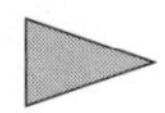

9.1 オートフィルター

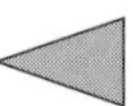

9.1.1 データ選択によるフィルタリング

オートフィルター（フィルター）はデータを条件によって絞り込む（抽出，フィルタリング）機能である。ここでは，**図 9.1** のような 60 人分のデータを対象とする。

	A	B	C	D	E	F	G	H	I
1	学生番号	氏名	性別	履修単位	取得単位	取得率	平均出席	面談対象	要確認
2	A1001	六十嵐　洋子	女	22	17	77.3%	86.4%		
3	A1002	松元　中介	男	20	19	95.0%	80.9%		
4	A1003	小野　銅雄	男	22	15	68.2%	87.5%		
5	A1004	差左　あずさ	女	18	18	100.0%	87.5%		
6	A1005	大和口　了	男	24	15	62.5%	87.5%		
7	A1006	浅藤　亮細	男	24	19	79.2%	86.4%		
8	A1007	木　達哉	男	24	21	87.5%	75.0%		
9	A1008	右藤　さゆり	女	24	21	87.5%	62.5%		
10	A1009	森林　聡美	女	24	23	95.8%	100.0%		
11	A1010	若本　健六	男	24	17	70.8%	62.5%		
12	A1011	麻生　豪雪	女	22	19	86.4%	95.0%		

Sheet1

図 9.1　データ

フィルターを使用するには，**図 9.2** のように，「データ」→「並べ替えとフィルター」→「フィルター」をクリックする。

フィルターが適用されたシートでは，先頭にある見出し行の各項目のセルにボタンが表示される。この状態で**図 9.3**（a）のように項目「性別」のボタン

	A	B	C	D	E	F	G	H	I
1	学生番号	氏名	性別	履修単位	取得単位	取得率	平均出席	面談対象	要確認
2	A1001	六十嵐　洋子	女	22	17	77.3%	86.4%		
3	A1002	松元　中介	男	20	19	95.0%	80.9%		
4	A1003	小野　銅雄	男	22	15	68.2%	87.5%		
5	A1004	差左　あずさ	女	18	18	100.0%	87.5%		
6	A1005	大和口　了	男	24	15	62.5%	87.5%		
7	A1006	浅藤　亮細	男	24	19	79.2%	86.4%		

図 9.2　フィルターの適用（「データ」→「並べ替えとフィルター」→「フィルター」）

（a）操　作

	A	B	C	D
1	学生番号	氏名	性別	履修単位
3	A1002	松元　中介	男	20
4	A1003	小野　銅雄	男	22
6	A1005	大和口　了	男	24
7	A1006	浅藤　亮細	男	24
8	A1007	木　達哉	男	24
11	A1010	若本　健六	男	24
13	A1012	佐藤　劣雄	男	24
14	A1013	植木　旧太郎	男	22
15	A1014	富海　哲司	男	24
16	A1015	清木　仁史	男	24
21	A1020	松本　久則子	男	20

（b）結　果

図 9.3　性別によるフィルタリング

をクリックすると，メニュー内にこの列に含まれる値として「男」，「女」が表示される。それらのチェックボックスに対し，男のみ選択した状態で OK ボタンをクリックすると，性別が男のみのデータにフィルタリングされる。

図（b）のフィルタリングされた状態では，性別のボタン表示が変化している。また，行番号を見ると飛び飛びになっているのがわかる。これは条件に一致しない行が隠された状態である。

なお，再度「データ」→「並べ替えとフィルター」→「フィルター」をクリックすると，隠された行がすべて再表示される。

9.1.2　条件式によるフィルタリング

性別データは2種類しかないので選択はしやすいが，数値データの場合は選択するのがたいへんなので，数値の大小関係による条件式によってフィルタリングする。**図9.4**は項目「履修単位」を19以下に絞り込む例である。操作は，履修単位のボタンクリック→「数値フィルター」→「指定の値以下」を選択する。そして，「オートフィルターオプション」のウィンドウで「19」，「以下」というように条件設定すると，**図9.5**のような結果となる。なお，条件

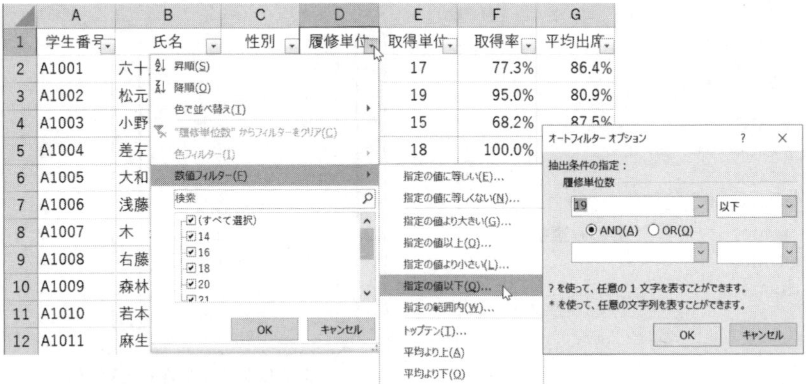

図9.4　数値フィルターによるフィルタリング

	A	B	C	D	E	F	G	H	I
1	学生番号	氏名	性別	履修単位	取得単位	取得率	平均出席	面談対象	要確認
5	A1004	差左　あずさ	女	18	18	100.0%	87.5%		
41	A1040	中谷　怒	女	16	15	93.8%	79.2%		
46	A1045	右々木　陽	男	14	14	100.0%	95.8%		
62									
63									
64									

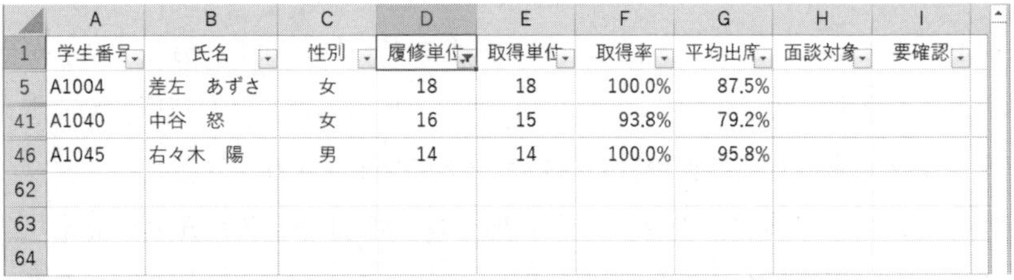

図9.5　履修単位が19以下にフィルタリングされた結果

はAND，ORを用いて二つ設定でき，10以上かつ20以下といった複合条件も指定できる。

9.1.3 フィルタリング状態でのドラッグコピー

フィルタリングされた状態は条件に該当する行が表示されているが，その状態のデータ上でドラッグコピーを行うと，隠されている行に影響があるかどうか調べてみる。

図9.6は，図9.5のフィルタリング状態に対して，1件目のデータの「面接対象」に○印を入力し，下の残りのデータすべてにドラッグコピーしている。この場合，5行目のセルを41および46行目までドラッグしていることになるため，その間の隠されている行に影響があるかどうか確認する。

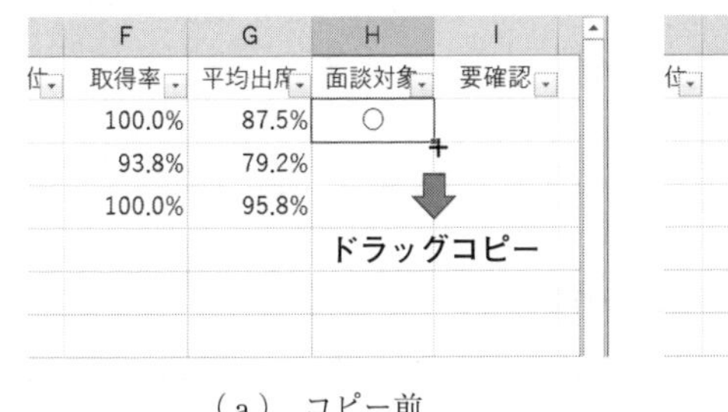

（a） コピー前

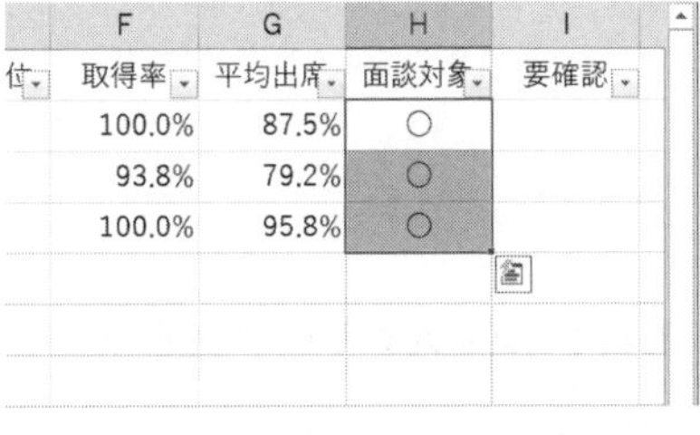

（b） コピー後

図9.6 フィルタリング状態でのドラッグコピー

図9.7は「データ」→「並べ替えとフィルター」→「フィルター」を再度クリックすることでフィルタリング状態を解除している。内容を確認すると，5行目の○印のセルを下にドラッグコピーしたが，フィルターによって隠されていたセルにはコピーされておらず，ドラッグコピーの影響を受けなかったことがわかる。

このように，フィルタリング状態における編集操作は抽出された行のみに適用され，隠された行は無視（保護）される。この性質を利用し，多量のデータに対して効率よく編集，加工，修正などが行える。

	A	B	C	D	E	F	G	H	I
1	学生番号	氏名	性別	履修単位	取得単位	取得率	平均出席	面談対象	要確認
2	A1001	六十嵐　洋子	女	22	17	77.3%	86.4%		
3	A1002	松元　中介	男	20	19	95.0%	80.9%		
4	A1003	小野　銅雄	男	22	15	68.2%	87.5%		
5	A1004	差左　あずさ	女	18	18	100.0%	87.5%	○	
6	A1005	大和口　了	男	24	15	62.5%	87.5%		
7	A1006	浅藤　亮細	男	24	19	79.2%	86.4%		
8	A1007	木　達哉	男	24	21	87.5%	75.0%		
9	A1008	右藤　さゆり	女	24	21	87.5%	62.5%		
10	A1009	森林　聡美	女	24	23	95.8%	100.0%		
11	A1010	若本　健六	男	24	17	70.8%	62.5%		
12	A1011	麻生　豪雪	女	22	19	86.4%	95.0%		

図 9.7　フィルターの解除（「データ」→「並べ替えとフィルター」→「フィルター」の再度クリック）

9.1.4　フィルタリング状態でのコピー作業

今度はフィルタリング状態のデータを別のシートにコピーする場合を調べてみる。Excel では一つの文書ファイル（ワークブック）内に複数のワークシートが作成可能であり，Sheet1 のデータをフィルタリングし，そこから Sheet2 へデータをコピーする処理を行う。

まず，**図 9.8** ではフィルタリングされた状態のデータをコピーし，画面下のボタンで新しいシートを追加作成している。

つぎに，**図 9.9** では新たなシート「Sheet2」のタブをクリックして切り替えて，A1 に貼り付けたところである。結果は Sheet1 で表示されていた行だけが Sheet2 に貼り付けられ，フィルタリングで隠された行は無視されているのがわかる。

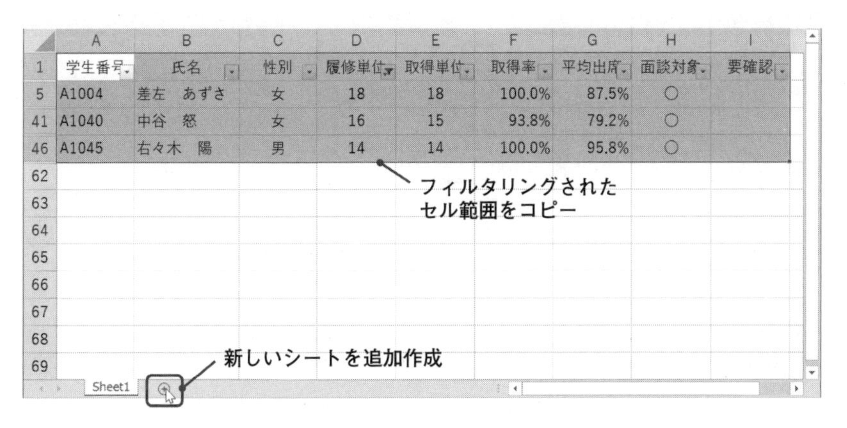

	A	B	C	D	E	F	G	H	I
1	学生番号	氏名	性別	履修単位	取得単位	取得率	平均出席	面談対象	要確認
5	A1004	差左　あずさ	女	18	18	100.0%	87.5%	○	
41	A1040	中谷　怒	女	16	15	93.8%	79.2%	○	
46	A1045	右々木　陽	男	14	14	100.0%	95.8%	○	

図 9.8　フィルタリングされたデータのコピー

	A	B	C	D	E	F	G	H	I
1	学生番号	氏名	性別	履修単位数	取得単位数	取得率	平均出席率	面談対象	要確認
2	A1004	差左　あず	女	18	18	100.0%	87.5%	○	
3	A1040	中谷　怒	女	16	15	93.8%	79.2%	○	
4	A1045	右々木　陽	男	14	14	100.0%	95.8%	○	

図 9.9　フィルタリングされたデータのみ貼り付けられた状態

9.2 並 べ 替 え

9.2.1 並べ替えのキーと昇順・降順

データを並べ替える（整列）には，まず**図 9.10** のように「データ」→「並べ替えとフィルター」→「並べ替え」をクリックする。つぎに，**図 9.11** の並

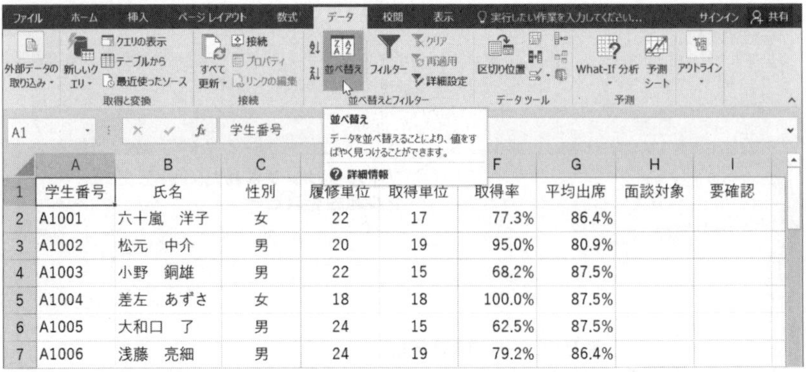

図 9.10　データの並べ替え

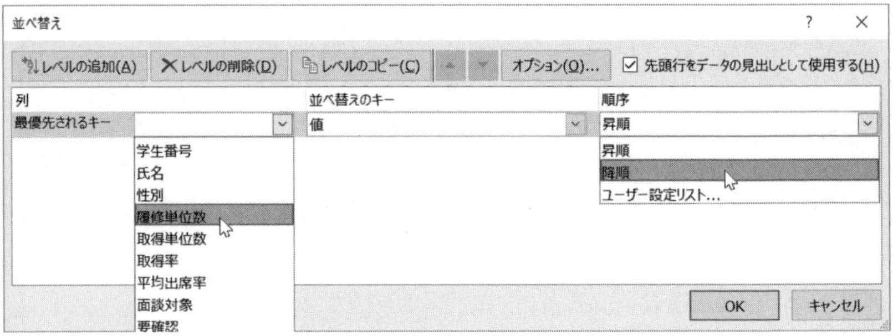

図 9.11　並べ替えのキー設定

べ替えの設定ウィンドウで，どの項目（列）についてどんな順序（昇順：小さい順，降順：大きい順）で並べ替えるかを指定する。この例は，「履修単位数」について「降順」で並べ替える設定である。

図 9.12 は並べ替えを実行した状態である。並べ替えを行うと各行のデータが移動し，順序を変えてデータ入力し直したような状態となる。並べ替えを解除して元の状態にする機能はなく，元の並び順に戻すには，Ctrl+Z キーによって編集操作を元に戻すか，最初の状態の並び順（学生番号順など）で並べ替える方法がある。

	A	B	C	D	E	F	G	H	I
1	学生番号	氏名	性別	履修単位	取得単位	取得率	平均出席	面談対象	要確認
2	A1031	真下　朋朋	男	26	13	50.0%	70.8%		
3	A1054	柴犬　歩智	女	26	17	65.4%	77.3%		
4	A1055	佐々都　司奈	男	26	15	57.7%	79.2%		
5	A1005	大和口　了	男	24	15	62.5%	87.5%		
6	A1006	浅藤　亮細	男	24	19	79.2%	86.4%		
7	A1007	木　達哉	男	24	21	87.5%	75.0%		
8	A1008	右藤　さゆり	女	24	21	87.5%	62.5%		
9	A1009	森林　聡美	女	24	23	95.8%	100.0%		
10	A1010	若本　健六	男	24	17	70.8%	62.5%		
11	A1012	佐藤　劣雄	男	24	15	62.5%	87.5%		
12	A1014	富海　哲司	男	24	19	79.2%	77.3%		

Sheet1

降順に並べ替え

図 9.12　並べ替えられた状態

9.2.2　複数キーによる整列

並べ替えのキーは複数指定することができる。操作は，**図 9.13** のように「データ」→「並べ替えとフィルター」→「並べ替え」→「並べ替え」ウィンドウ→「レベルの追加」をクリックし，二つ目の並べ替えキーの列と順序を指定する。

図 9.14 は並べ替えた結果である。二つのキーで並べ替える処理のしくみは，まず第1キーで並べ替えを行い，そのとき同順位となるデータに対し第2キーで並べ替えを行うというものである。この例では一つ目のキーで履修単位

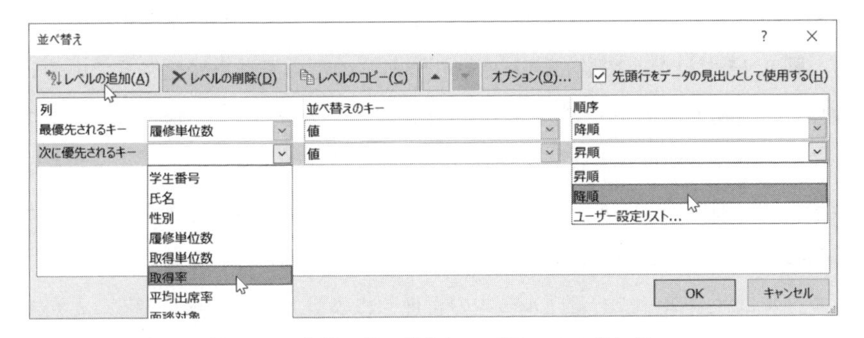

図 9.13　複数の並べ替えキー（「レベルの追加」）

	A	B	C	D	E	F	G	H	I
1	学生番号	氏名	性別	履修単位	取得単位	取得率	平均出席	面談対象	要確認
2	A1054	柴犬　歩智	女	26	17	65.4%	77.3%		
3	A1055	佐々都　司奈	男	26	15	57.7%	79.2%		
4	A1031	真下　朋朋	男	26	13	50.0%	70.8%		
5	A1009	森林　聡美	女	24	23	95.8%	100.0%		
6	A1018	最大村　遙	女	24	23	95.8%	62.5%		
7	A1023	田山　奈緒美	女	24	23	95.8%	72.7%		
8	A1007	木　達哉	男	24	21	87.5%	75.0%		
9	A1008	右藤　さゆり	女	24	21	87.5%	62.5%		
10	A1044	若林　燃絵	女	24	21	87.5%	70.8%		
11	A1047	渡琶　慎一	男	24	21	87.5%	86.4%		
12	A1050	阿久尾　取	男	24	21	87.5%	95.0%		

Sheet1

さらに降順に並べ替え

図 9.14　複数キーによる並べ替え結果

が26のデータが3件あるが，この三つに対し第2キーによって並べ替えている。

このような複数キーによる整列を利用し，例えば都道府県，郵便番号，氏名，ふりがなといったデータをまとめる項目やデータを順序づける項目によってデータリストを整理することができる。なお，点数，日付などの順序付けにおいて同順位の出現を考慮して並べ替え方針を決めておくのがよい。

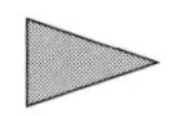

9.3　条件付き書式

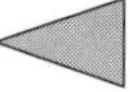

9.3.1　カラースケール

条件付き書式は，セルの値に応じて書式を変化させる動的な書式機能である。**図 9.15** ではセルの値に応じて塗りつぶしの色の濃さを変化させている。操作は，適用対象のセル範囲 D2 ～ D61 を選択した状態で，「ホーム」→「スタイル」→「条件付き書式」をクリックし「カラースケール」からルールを選択する。この例では，ルールに「白，緑のカラースケール」を選択して，白から緑のグラデーションによってセルの値の大小を強調している。

ルールはメニューにある「ルールの管理」によって詳細に調整することがで

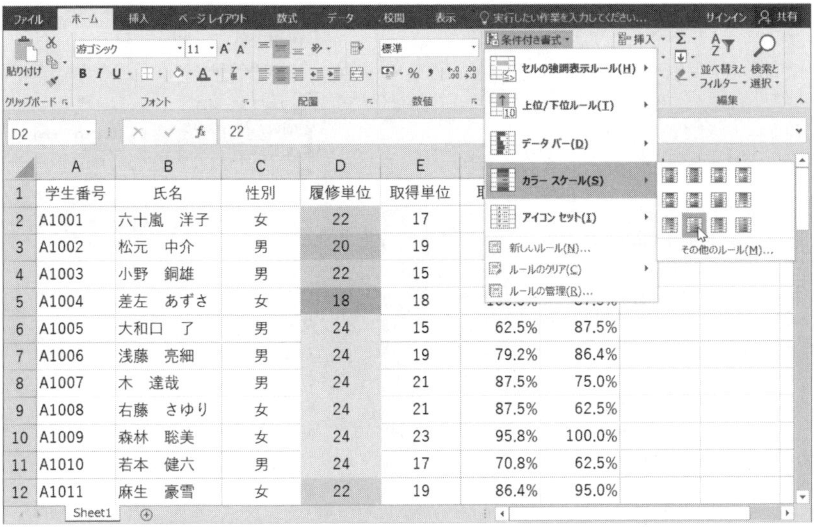

	A	B	C	D	E
1	学生番号	氏名	性別	履修単位	取得単位
2	A1001	六十嵐　洋子	女	22	17
3	A1002	松元　中介	男	20	19
4	A1003	小野　銅雄	男	22	15
5	A1004	差左　あずさ	女	18	18
6	A1005	大和口　了	男	24	15
7	A1006	浅藤　亮細	男	24	19
8	A1007	木　達哉	男	24	21
9	A1008	右藤　さゆり	女	24	21
10	A1009	森林　聡美	女	24	23
11	A1010	若本　健六	男	24	17
12	A1011	麻生　豪雪	女	22	19

図 9.15　カラースケール（「ホーム」→「スタイル」→「条件付き書式」→「カラースケール」）

き，複数のルールを設定して条件付き書式を重ねて適用することもできる。なお，条件付き書式の解除はメニューの「ルールのクリア」を使う。

9.3.2　データバー

図 9.16 はデータバーによる条件付き書式の適用例である。この例では，適用対象のセル範囲 E2 ～ E61 を選択した状態で，「データバー」の「塗りつぶし（グラデーション）」→「赤のデータバー」を選択している。

適用結果は，グラデーションがかった棒グラフ状のバーがセル内に表示され，バーの長さがセルの値の大小を反映している。

以上のような条件付き書式機能は数値の羅列を視覚的にとらえることができるので，大量のデータを入手した際にその特徴や傾向を素早くつかみ取るのに役立つ。データはいつも同じ視点による分析や集計をするものとは限らない。データがどのような状況であるかをまず把握することで，これから行うデータの分析，集計，活用のための指針を得ることにつながる。

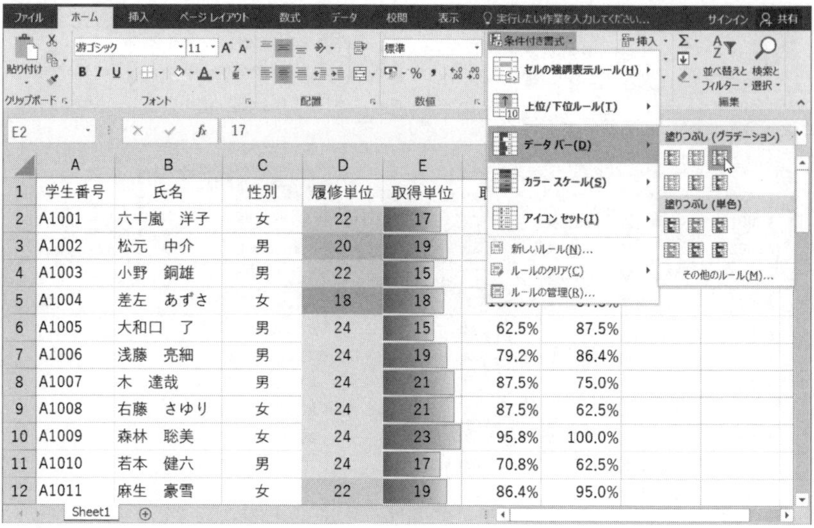

	A	B	C	D	E	F	G
1	学生番号	氏名	性別	履修単位	取得単位		
2	A1001	六十嵐　洋子	女	22	17		
3	A1002	松元　中介	男	20	19		
4	A1003	小野　銅雄	男	22	15		
5	A1004	差左　あずさ	女	18	18		
6	A1005	大和口　了	男	24	15	62.5%	87.5%
7	A1006	浅藤　亮細	男	24	19	79.2%	86.4%
8	A1007	木　達哉	男	24	21	87.5%	75.0%
9	A1008	右藤　さゆり	女	24	21	87.5%	62.5%
10	A1009	森林　聡美	女	24	23	95.8%	100.0%
11	A1010	若本　健六	男	24	17	70.8%	62.5%
12	A1011	麻生　豪雪	女	22	19	86.4%	95.0%

図 9.16　データバー（「ホーム」→「スタイル」→「条件付き書式」→「データバー」）

データの傾向をつかみ取ったら条件付き書式を解除してシンプルな状態に戻してもよい。報告書類や配布資料などには過剰な書式設定をしないほうがよい場合もある。書類提出が目的なのか，検討作業のためのデータ資料なのか，用途によって適切なデータ状態や体裁を使い分けるとよい。

10 Excel — グラフ —

10.1 グラフ作成

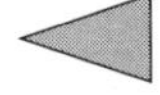

10.1.1 棒 グ ラ フ

棒グラフはデータの大小比較ができ，さまざまなデータのグラフ化に汎用的に使用される。どの種類のグラフを選択すればよいか考える際，まず棒グラフが候補として挙げられる。

グラフを作成する際は，データの基となる範囲を選択しておきグラフの種類を選ぶ。**図 10.1** は棒グラフの作成例であり，データ範囲 A3 ～ B6 を選択して

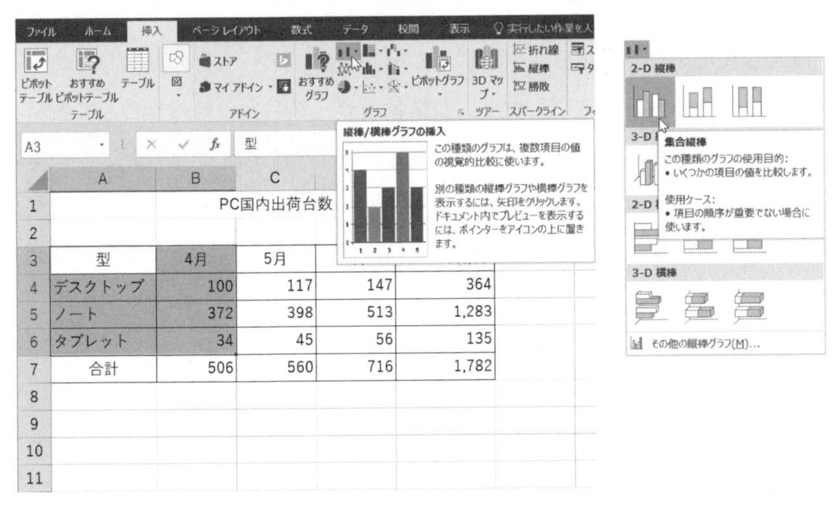

図 10.1 棒グラフの挿入（「挿入」→「グラフ」→「縦棒 / 横棒グラフの挿入」）

「挿入」→「グラフ」→「縦棒/横棒グラフの挿入」をクリックし,「2-D縦棒」→「集合縦棒」を選択して作成する。

結果は**図 10.2** のようにシート上に縦棒グラフが適当なサイズで挿入される。グラフは一つの図形のようにシート上で拡大,縮小,移動,コピーなどができ,グラフをシートのセルの境界線に合わせたい場合は Alt キーを押しながらグラフをマウスドラッグする。また,データとは別のシートへ移動したりコピーしたりすることができる。

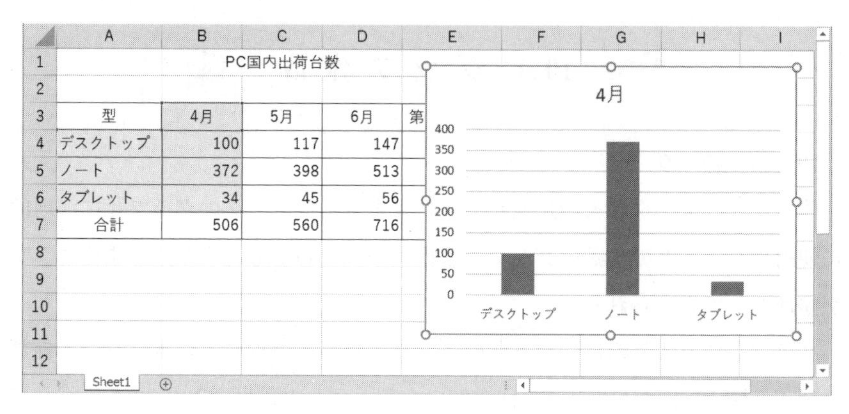

PC国内出荷台数

型	4月	5月	6月	第
デスクトップ	100	117	147	
ノート	372	398	513	
タブレット	34	45	56	
合計	506	560	716	

図 10.2　棒グラフが挿入された状態

挿入されたグラフを見ると,選択したセル範囲のデータ行の見出し「デスクトップ」,「ノート」,「タブレット」が横軸のデータ系列のラベルとして表示され,データ列の見出し「4 月」が自動的にグラフタイトルとして表示されている。縦軸の目盛は 0 ～ 400 の範囲で 50 刻みとなっているが,これらはデータ値から自動的に設定される。自動設定された各グラフ要素はあとで変更可能である。

10.1.2　折れ線グラフ

折れ線グラフはデータにおける増加・減少といった変動状況や遷移状況をシンプルに表すことができる。横軸を年や月などの時系列にして,売り上げなどの実績や,なんらかの数量,測定値などを表す場合にもよく使用される。

図 10.3 は折れ線グラフの作成例であり，データ範囲 A3 ～ D4 を選択して「挿入」→「グラフ」→「折れ線 / 面グラフの挿入」をクリックし，「2-D 折れ線」→「折れ線」を選択して作成する。

	A	B	C	D	E
1		PC国内出荷台数			
2					
3	型	4月	5月		
4	デスクトップ	100	117	147	364
5	ノート	372	398	513	1,283
6	タブレット	34	45	56	135
7	合計	506	560	716	1,782

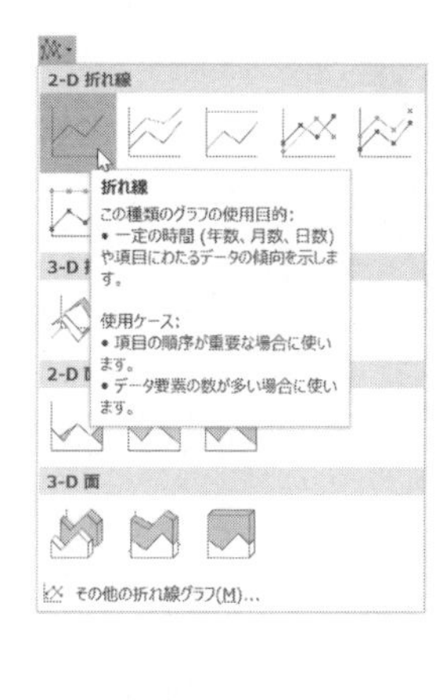

図 10.3　折れ線グラフの挿入（「挿入」→「グラフ」→「折れ線／面グラフの挿入」）

結果は**図 10.4** のように折れ線グラフが挿入される。グラフの構成要素は棒グラフと同様である。

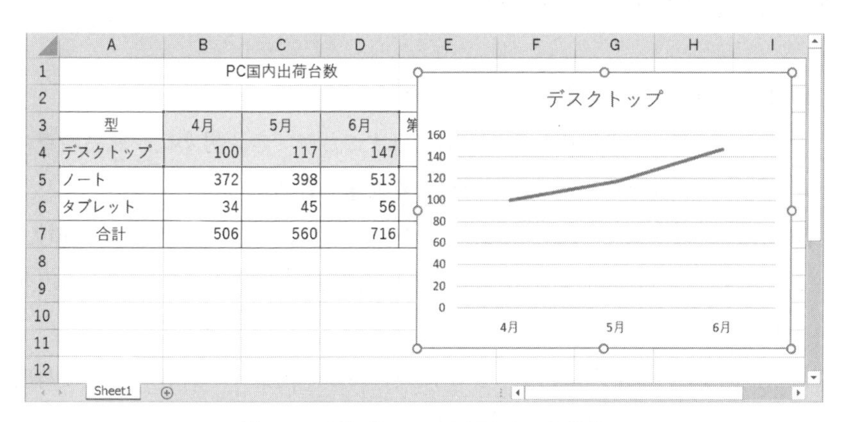

	A	B	C	D
1		PC国内出荷台数		
2				
3	型	4月	5月	6月
4	デスクトップ	100	117	147
5	ノート	372	398	513
6	タブレット	34	45	56
7	合計	506	560	716

図 10.4　折れ線グラフが挿入された状態

折れ線グラフはあらかじめマーカー付きの種類が選択できるが，グラフの作成後にマーカーを付ける際は**図 10.5** のように折れ線グラフを右クリックして「データ系列の書式設定」を選択する。そして，シート右側に表示される「データ系列の書式設定」画面の「マーカー」において書式設定を行う。

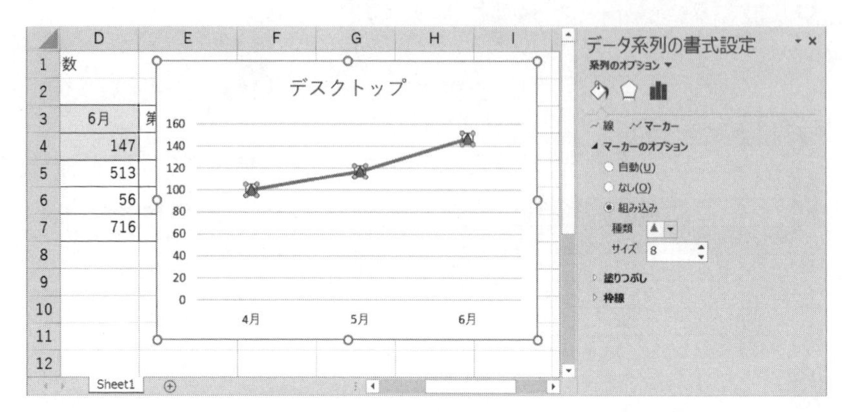

図 10.5　マーカーの設定（折れ線グラフ右クリック→「データ系列の書式設定」→「マーカー」）

「マーカーのオプション」では，「■◆▲×＊●＋」などの組み込みマークの形状種類やサイズが指定でき，また「塗りつぶし」と「枠線」によってマーカーの色分けや強調などができる。

10.1.3　円　グ　ラ　フ

円グラフはデータの構成比を視覚的に表すことができ，男女比，商品の売り上げの比など，割合を表現するためによく使用される。

図 10.6 は円グラフの作成例であり，データ範囲 A3～B6 を選択して「挿入」→「グラフ」→「円またはドーナツグラフの挿入」をクリックし，「2-D 円」→「円」を選択して作成する。

結果は**図 10.7** のように円グラフが挿入される。円グラフの各データの角度から大小関係や比率がおおよそ読み取れる。

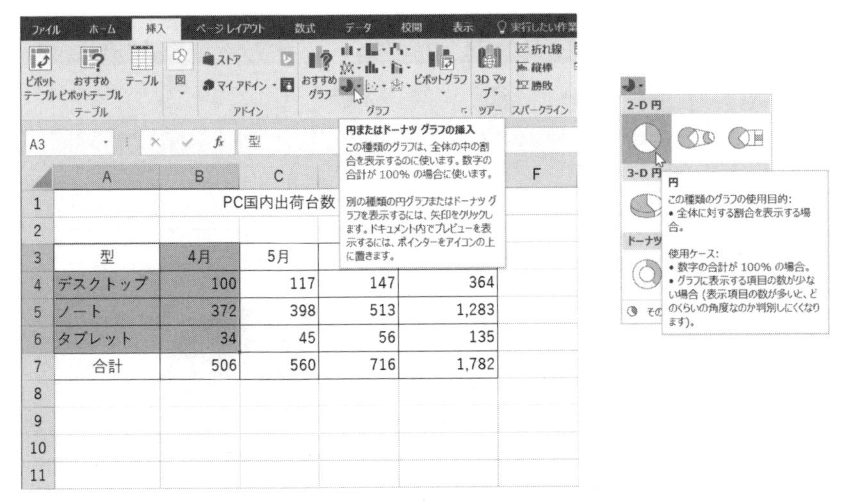

図 10.6　円グラフの挿入（「挿入」→「グラフ」→「円またはドーナツグラフの挿入」）

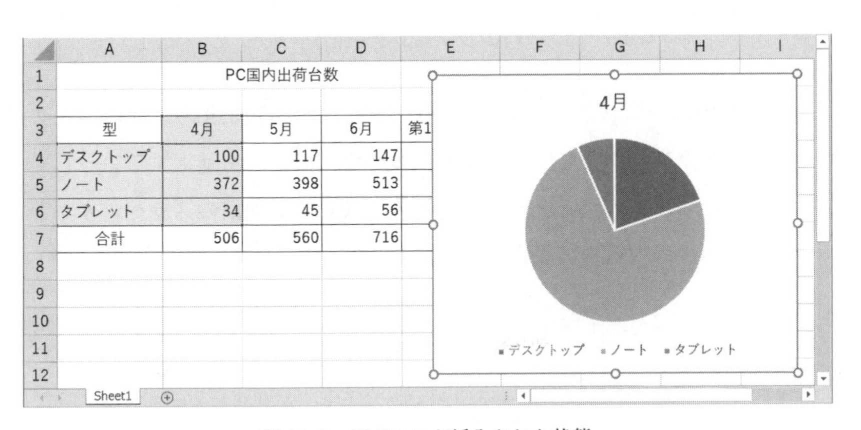

図 10.7　円グラフが挿入された状態

また，円の各部分のデータ値を表示するには，**図 10.8** のように「グラフツール」→「デザイン」→「グラフのレイアウト」→「グラフ要素を追加」→「データラベル」→「外部」などを選択する。

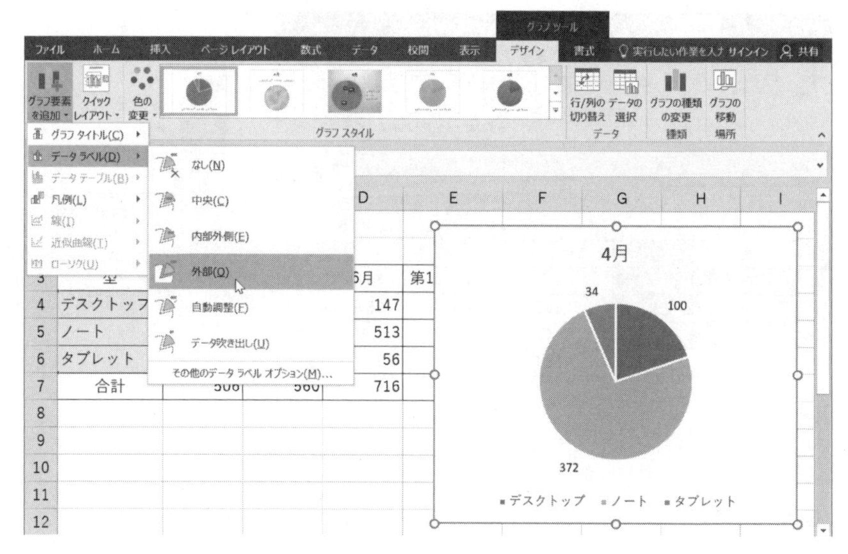

図 10.8　数値の表示（「グラフツール」→「デザイン」→「グラフのレイアウト」→「グラフ要素を追加」→「データラベル」）

このとき数値表示をさらに細かく設定するには，**図 10.9** のようにデータラベル部分を右クリックして「データラベルの書式設定」を選択する。そして，シート右側に表示された「データラベルの書式設定」画面の「ラベルオプション」→「ラベルの内容」で設定を行う。

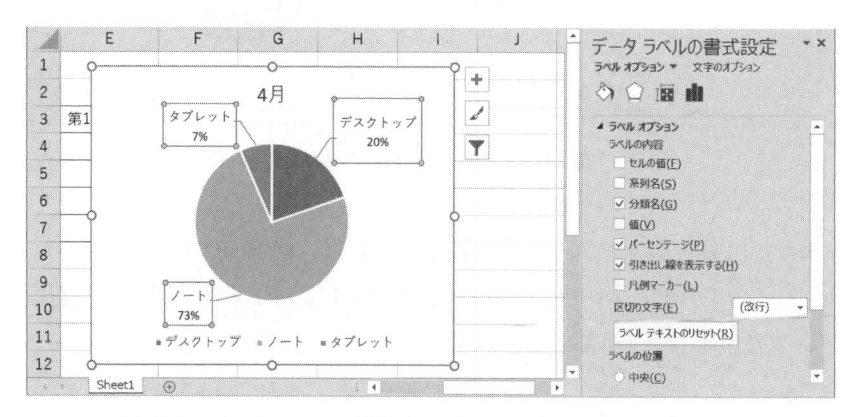

図 10.9　データラベルの変更（データラベル右クリック→「データラベルの書式設定」→「ラベルオプション」）

この例では「分類名」，「パーセンテージ」，「引き出し線を表示する」にチェックを付けており，パーセンテージが自動的に計算されてグラフ表示されている。

10.1.4 散　布　図

散布図は二つの値から成るデータを横軸と縦軸のグラフ座標にプロットしたものである。散布図には二つの値の相関を表す目的もある。

相関とは二つのものに関係があることを指す。例えば科目1の点数の高い学生は科目2の点数も高いかといった関連性について，プロットした点が右上がりに分布しているほどその傾向が強いことになり，相関があることを表す。

図10.10は散布図の作成例であり，データ範囲B1～C13を選択して「挿入」→「グラフ」→「散布図（X,Y）またはバブルチャートの挿入」をクリックし，「散布図」→「散布図」を選択して作成する。

結果は**図10.11**のように散布図が挿入される。この例では，データは月ごとの最高気温とある商品の販売数である。散布図においてやや右上がりの傾向

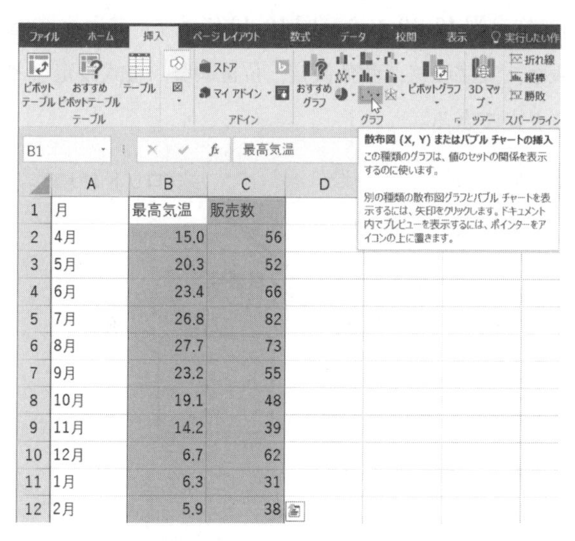

	A	B	C
1	月	最高気温	販売数
2	4月	15.0	56
3	5月	20.3	52
4	6月	23.4	66
5	7月	26.8	82
6	8月	27.7	73
7	9月	23.2	55
8	10月	19.1	48
9	11月	14.2	39
10	12月	6.7	62
11	1月	6.3	31
12	2月	5.9	38

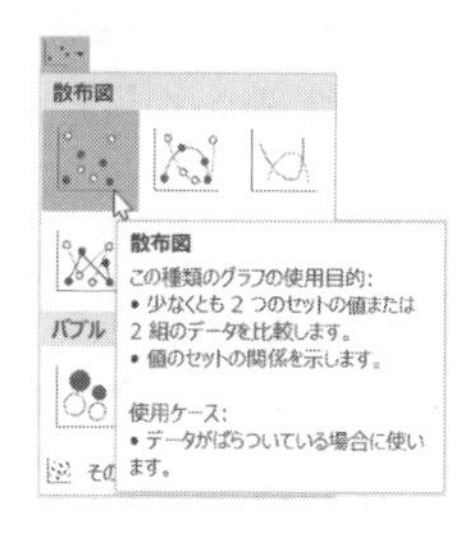

図10.10　散布図の挿入（「挿入」→「グラフ」→「散布図またはバブルチャートの挿入」）

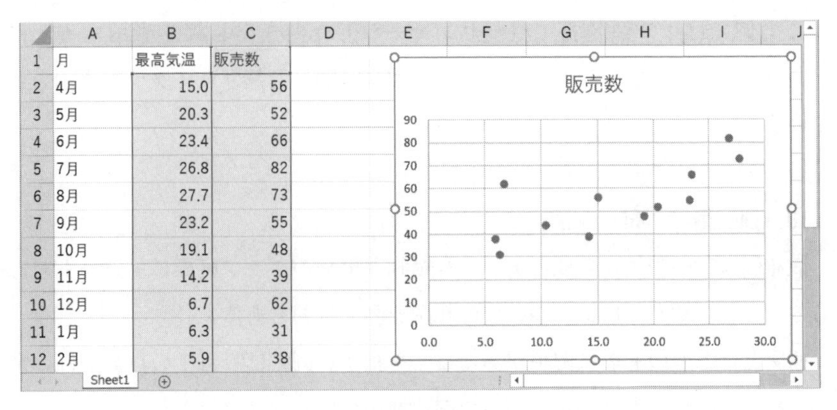

月	最高気温	販売数
4月	15.0	56
5月	20.3	52
6月	23.4	66
7月	26.8	82
8月	27.7	73
9月	23.2	55
10月	19.1	48
11月	14.2	39
12月	6.7	62
1月	6.3	31
2月	5.9	38

図 10.11　散布図が挿入された状態

が見られるため，グラフから「気温が高い月ほど商品がよく売れ，ただし例外として 12 月は気温が低くても売れた」ということが推察できる。

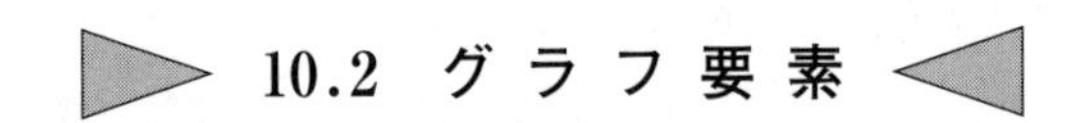

10.2　グラフ要素

10.2.1　各部の名称

グラフおよび軸の各部名称を**図 10.12** および**図 10.13** に示す。これらの各グラフ要素は，表示 / 非表示，文字編集，数値設定，位置調整，書式設定などによって細かく設定することができる。

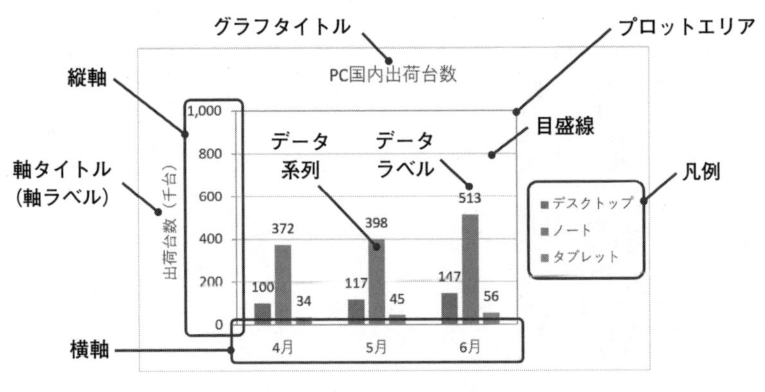

図 10.12　グラフの各部名称

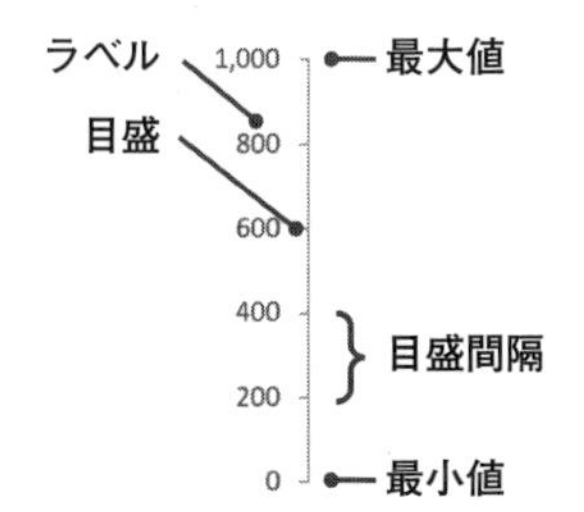

図 10.13　軸の各部名称

10.2.2　グラフタイトル・軸ラベル

図 10.14 はグラフタイトルの編集状態である。タイトルを選択してマウスクリックすると文字編集ができる。文字は「ホーム」→「フォント」によって書式設定できる。

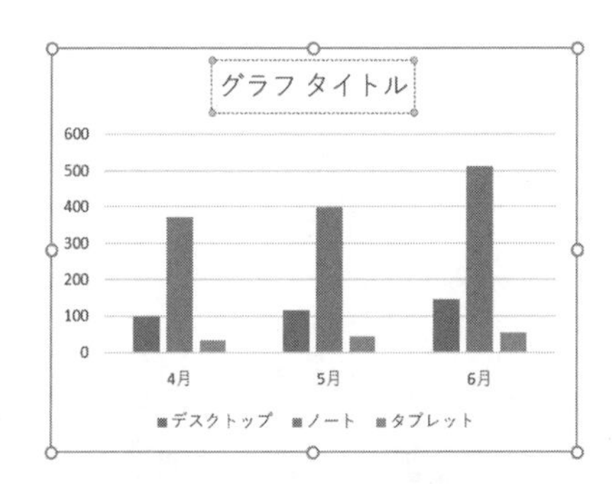

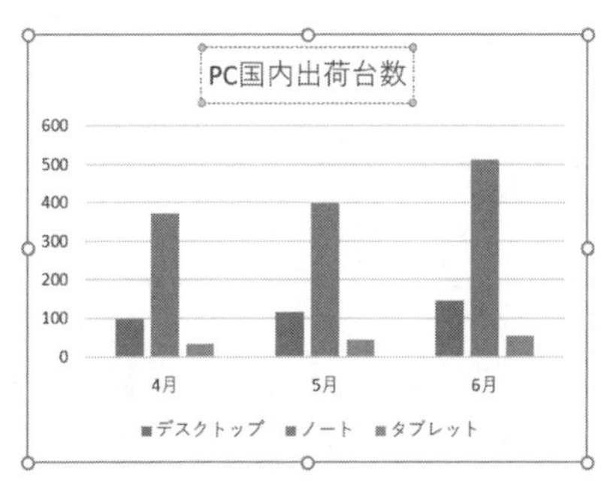

図 10.14　グラフタイトルの編集

一般に，グラフの軸が何のデータを表し，単位は何であるかを明確にすべきであるが，それらを軸ラベルに記述することができる。

図 10.15 は軸のタイトル（軸ラベル）を追加する操作である。操作は「グラフツール」→「デザイン」タブ→「グラフのレイアウト」→「グラフ要素を追加」→「軸ラベル」→「第 1 横軸」あるいは「第 1 縦軸」を選択する。

軸ラベルは**図 10.16** のように「軸ラベル」という仮の文字列で作成されるので，それをクリックして「出荷台数（千台)」などというように文字編集する。なお，軸ラベルは「ホーム」→「フォント」による書式設定や，マウスド

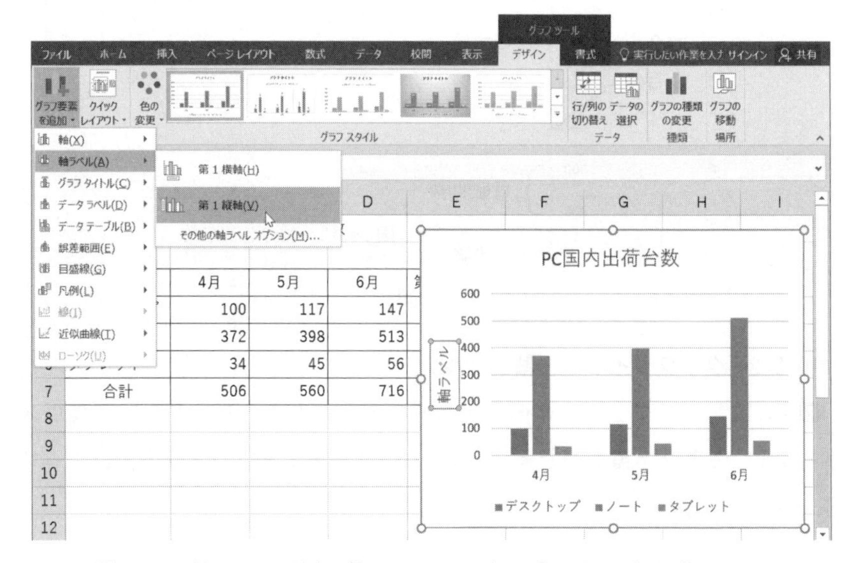

図 10.15　軸ラベルの追加（「グラフツール」→「デザイン」→「グラフのレイアウト」→「グラフ要素を追加」→「軸ラベル」）

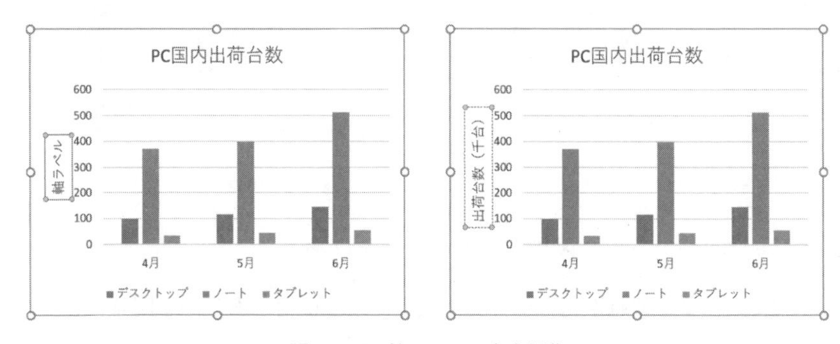

図 10.16　軸ラベルの文字編集

ラッグによる位置調整ができる。

10.2.3　軸の最小値・最大値・目盛間隔

図 10.17 は軸の設定を変更する例である。グラフ内の縦軸を右クリックして「軸の書式設定」を選択すると，**図 10.18** のようにシートの右側に「軸の書式設定」画面が表示され，詳細な書式設定などができる。

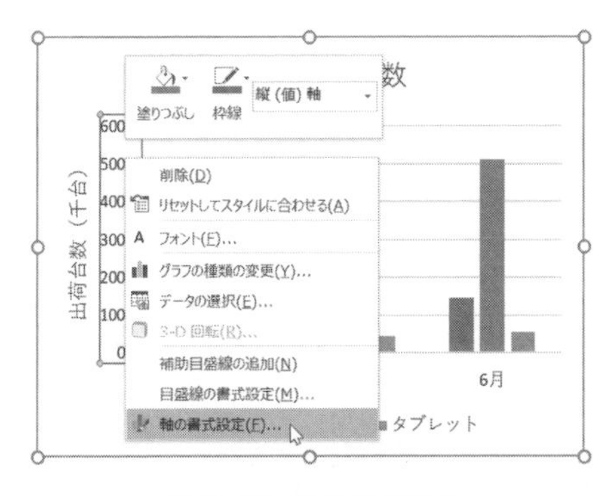

図 10.17　軸の書式設定

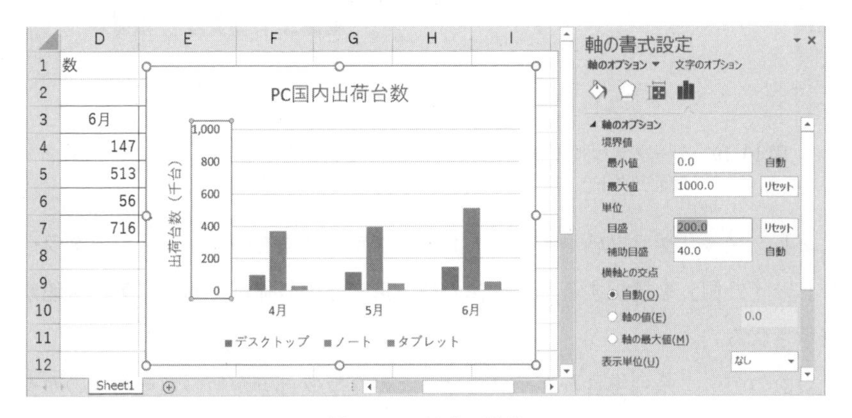

図 10.18　目盛の調整

この例では「軸のオプション」→「境界値」→「最大値」を1 000に，その下の「単位」→「目盛」によって目盛間隔を200に変更している。

最大値や目盛間隔の設定はグラフの読み取りやすさが重要であり，最大値に対して棒グラフがどれも短すぎるような場合はバランスが悪い。逆に棒グラフがグラフエリアをはみ出してカットされるようなことがないようにすべきである。なお，他のグラフと見比べるために統一した値に設定することもある。

10.2.4　データラベル・凡例

図 10.19 は各縦棒に数値を表示させる例である。「グラフツール」→「デザ

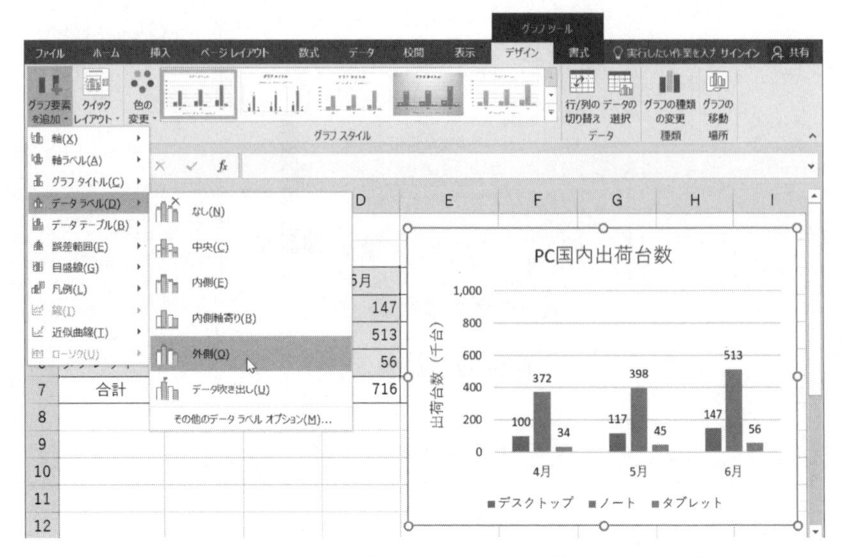

図 10.19　データラベルの表示（「グラフツール」→「デザイン」→「グラフのレイアウト」→「グラフ要素を追加」→「データラベル」）

イン」タブ→「グラフのレイアウト」→「グラフ要素を追加」→「データラベル」→「外側」を選択すると，縦棒の長方形部分の外側（上側）にデータ値が表示される。

複数のデータ系列を含むグラフでは，どのグラフ部分が何の値を示すのかを区別する必要がある。凡例は棒グラフや円グラフではグラフ部分の色，パターンなどに，また棒グラフでは線の色，太さ，パターンなどに対応させてどれが何のデータ系列なのかを表示したものである。

図 10.20 はグラフの凡例を表示させる例である。操作については，「グラフツール」→「デザイン」タブ→「グラフのレイアウト」→「グラフ要素を追加」→「凡例」→「右」を選択すると，グラフの右側に凡例が表示される。凡例は他の位置選択もでき，さらにマウスで自由に移動や調整ができる。

凡例を必要とするような複数のデータ系列を含むグラフでは，色，パターン，太さといったデザイン要素を工夫し，区別がつきやすく見間違いを起こしにくいように配慮するとよい。

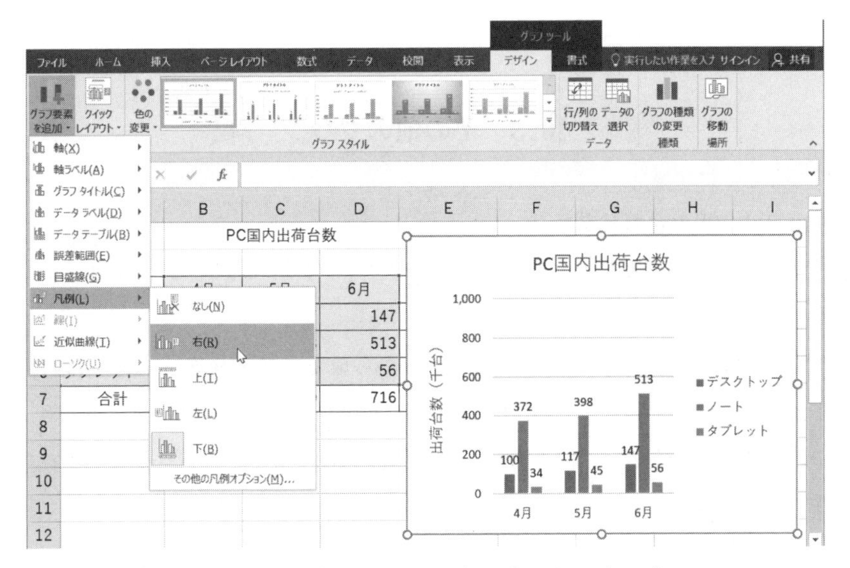

図 10.20　凡例の表示（「グラフツール」→「デザイン」→「グラフのレイアウト」→「グラフ要素を追加」→「凡例」）

なお，グラフ資料を白黒で印刷や複写する際は色分けが区別できないので，データ系列ごとに色の濃さや塗りつぶしパターンを変更する必要がある。

その際は，**図 10.21** のように縦棒部分などを右クリックして「データ系列の書式設定」を選択し，「データ系列の書式設定」画面において「塗りつぶし」

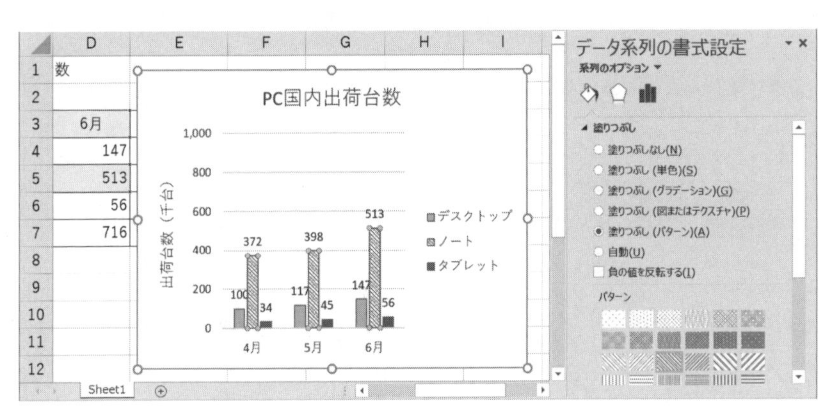

図 10.21　塗りつぶしパターンの設定（棒グラフ右クリック→「データ系列の書式設定」→「塗りつぶし」）

のパターンや色を変更する。

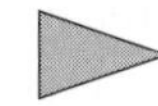

10.3　その他のグラフ

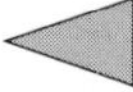

10.3.1　組み合わせグラフ

特殊なグラフとして，一つのグラフに棒グラフと折れ線グラフを混在させる複合グラフ（組み合わせグラフ）を作成する。

図 10.22 は月ごとの平均気温と降水量から成る気象データである。これに対し，A3 ～ M5 を選択して**図 10.23** のように縦棒グラフを挿入する。

グラフを見てみると，両方のデータ系列はともに縦棒で表され縦軸も 1 種類の値範囲を表すものなので，両者の区別がつかず，よくわからないグラフになっている。

	A	B	C	D	E	F	G	H	I	J	K	L	M
1						札幌の気候							
2													
3		1月	2月	3月	4月	5月	6月	7月	8月	9月	10月	11月	12月
4	平均気温(°C)	-3.6	-3.1	0.6	7.1	12.4	16.7	20.5	22.3	18.1	11.8	4.9	-0.9
5	降水量(mm)	113.6	94.0	77.8	56.8	53.1	46.8	81.0	123.8	135.2	108.7	104.1	111.7
6													
7													

図 10.22　気象データ例

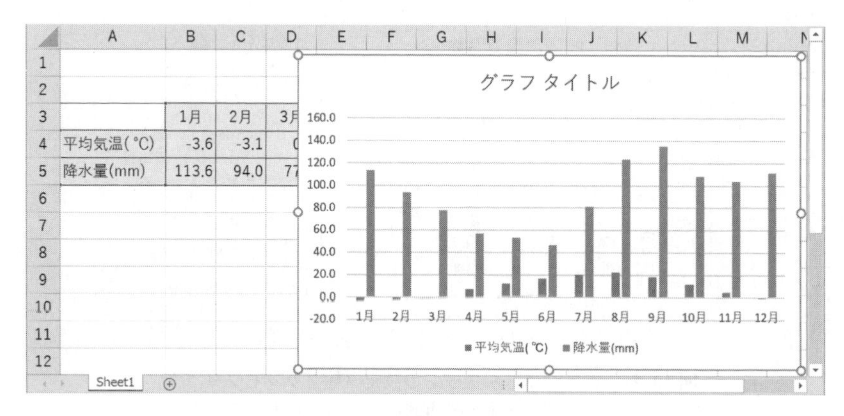

図 10.23　縦棒グラフの挿入

平均気温と降水量を一つのグラフで表す場合，数値の単位や範囲（最小〜最大値）が異なるので同じ尺度で扱うことは難しい。そこで，平均気温の軸を左側に，降水量の軸を右側に作り，さらに縦棒と折れ線で区別してみる。

まず，**図 10.24** のように「グラフツール」→「デザイン」タブ→「種類」→「グラフの種類の変更」をクリックする。

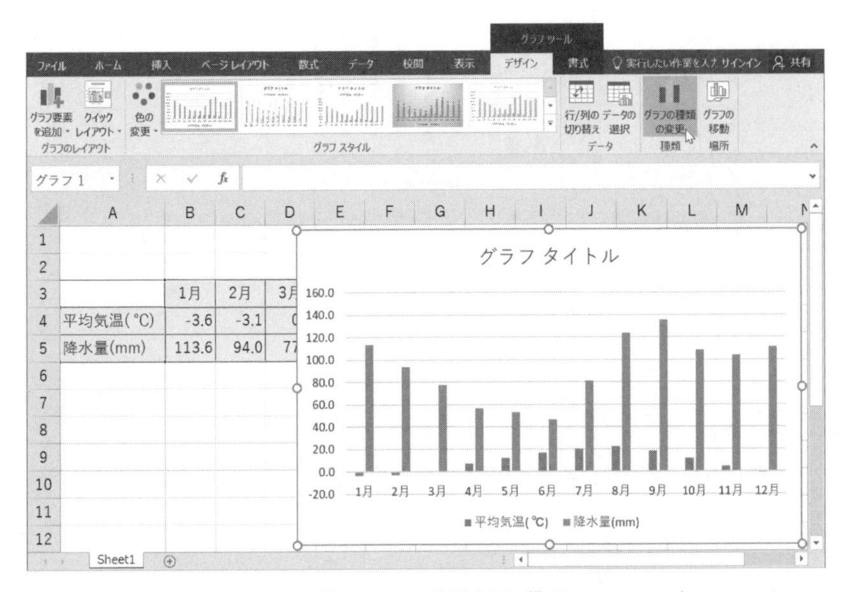

図 10.24　挿入した棒グラフの種類変更（「グラフツール」→「デザイン」→「種類」→「グラフの種類の変更」）

つぎに，**図 10.25** のように「グラフの種類の変更」ウィンドウにおいて「すべてのグラフ」→「組み合わせ」を選択し，「系列名」が「降水量（mm)」のデータ系列に対し「グラフの種類」を「折れ線」に変更する。さらに，「第 2 軸」にチェックをつけることで右側に縦軸を設けるように指定する。

この操作によって**図 10.26** のような組み合わせグラフが作成される。グラフは縦棒と折れ線，第 1 軸（左縦軸）と第 2 軸（右縦軸）によって構成され，異なる尺度のデータ系列を一つのグラフで表現することができる。

なお，この結果では横軸のラベル「1 月」と「2 月」が縦棒部分と重なって

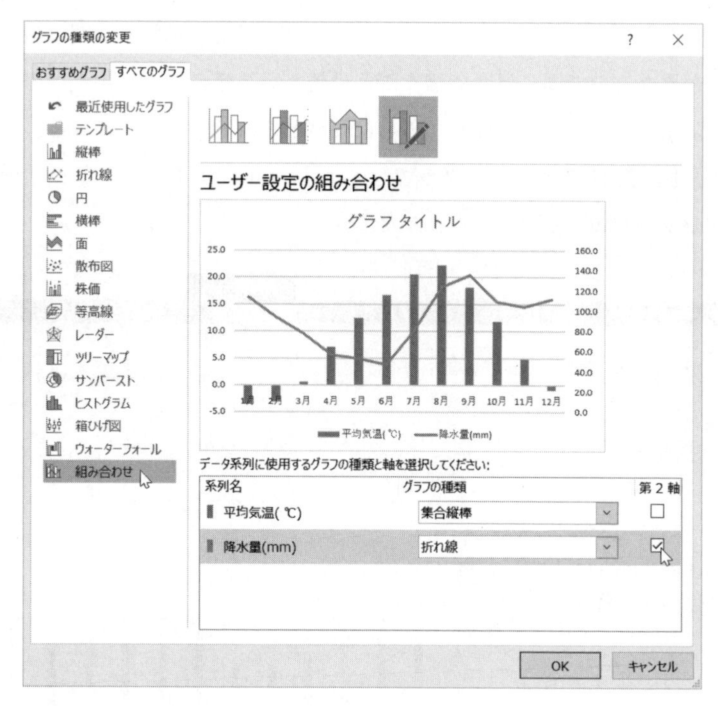

図 10.25　組み合わせグラフの設定（「すべてのグラフ」→「組み合わせ」）

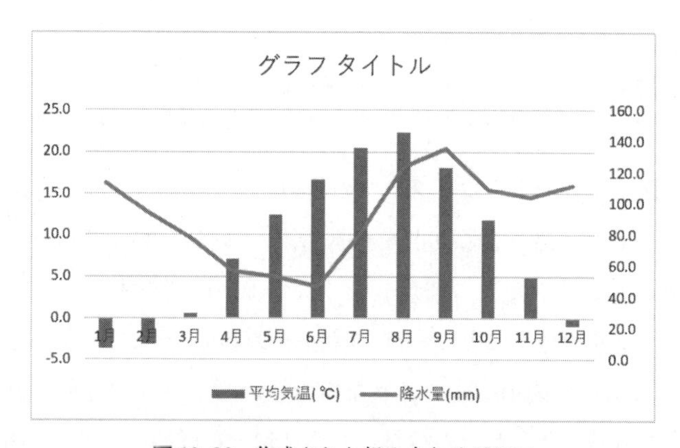

図 10.26　作成された組み合わせグラフ

しまうが，これは平均気温がマイナス値のためである。この重なりを避けるために，以下の2通りの手段が考えられる。

一つ目の方法として，**図10.27**では縦軸を右クリックし「軸の書式設定」→「軸のオプション」→「横軸との交点」で「軸の値」を−5.0に変更している。これによって横軸が下に移動する。二つ目の方法として，**図10.28**では横軸を右クリックし「軸の書式設定」→「ラベル」→「軸からの距離」を700にして軸ラベルを下げている。

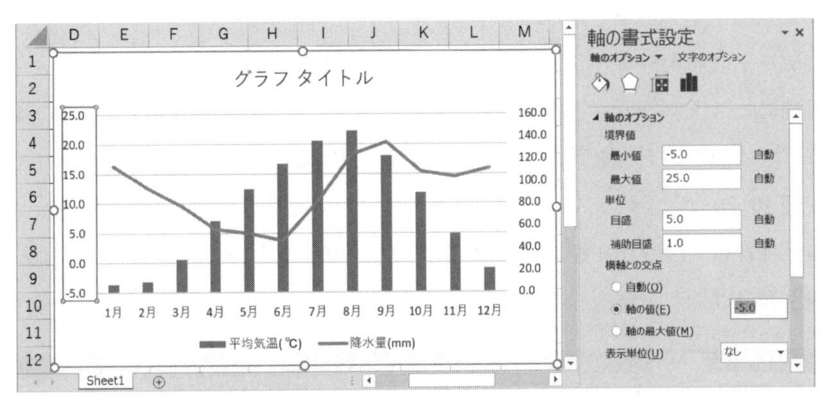

図10.27 軸の境界値の調整（「軸の書式設定」→「軸のオプション」→「横軸との交点」）

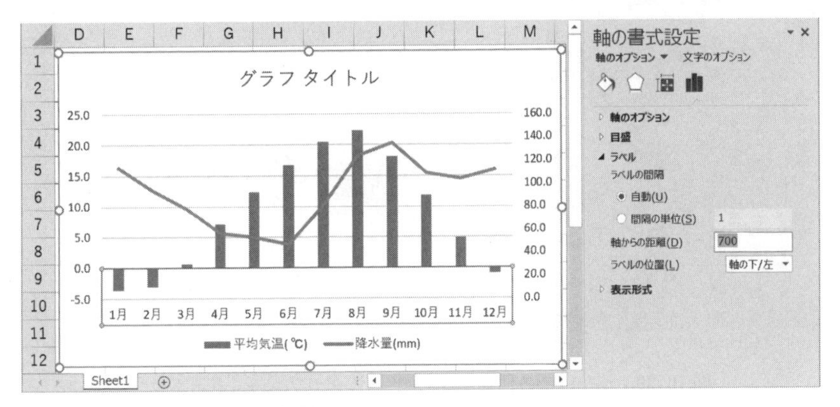

図10.28 ラベル位置の調整（「軸の書式設定」→「ラベル」→「軸からの距離」）

10.3.2 箱ひげ図

箱ひげ図（Box and whisker charts）はデータのばらつきを表現するグラフである。特に複数のデータ系列を一つのグラフで表示することで，複数のデータのばらつきが比較できる。

ばらつきを分析する手法として分散や標準偏差があるが，それらは一つの数値による表現なので分布の形がわからない。箱ひげ図は四分位によって五つの値で表現しており，分布の山の位置，尖（せん）度，ばらつき，左右の傾斜などをおおよそ想像することができる。

データ分布の分析としてヒストグラム（度数分布）があるが，複数のデータ系列のヒストグラムを重ねて表示すると見づらくなり傾向を比較しにくい。箱ひげ図は複数のデータ系列に対する比較もしやすい。

図 10.29 は，3 クラス各 100 人分の点数に対する箱ひげ図を作成する例である。操作は A1 ～ C101 を選択し，「挿入」→「グラフ」→「統計グラフの挿入」→「箱ひげ図」を選択して作成する。

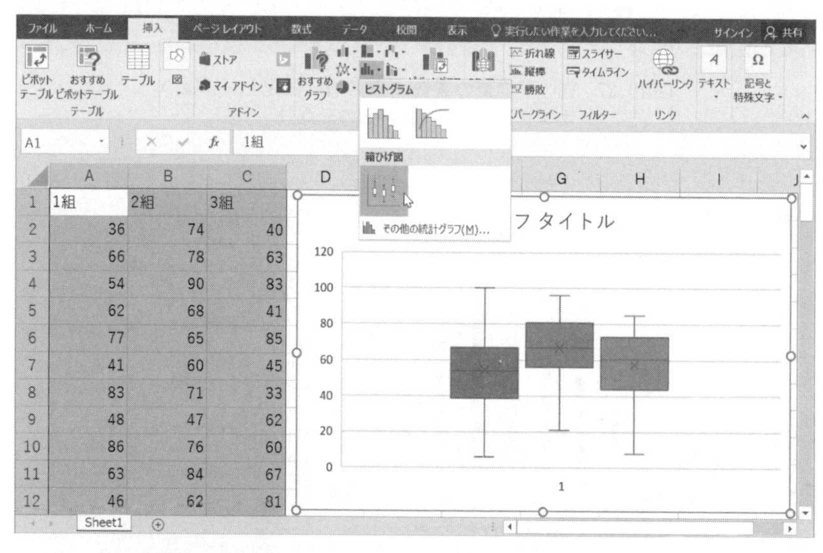

図 10.29　箱ひげ図の挿入（「挿入」→「グラフ」→「統計グラフの挿入」→「箱ひげ図」→「箱ひげ図」）

図 10.30 は箱ひげ図を構成する数値要素である。四分位数および最小値，最大値，平均値が表現されている。四分位数は，順序どおりに並べたデータを4等分したときの境界となる値である。

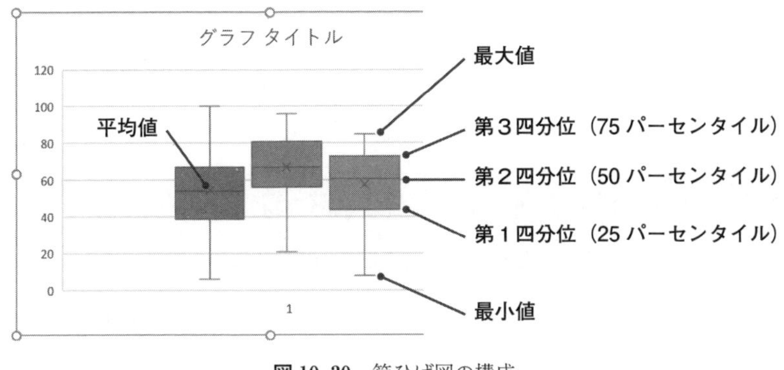

図 10.30　箱ひげ図の構成

10.3.3　数式を使った累計グラフ

図 10.31 は，累計グラフ作成のために数式によって累計値を算出する例である。4月～3月の出荷台数に対する累計台数については，まず4月はそのまま出荷台数と同じ値とし，5月以降は前月の累計台数＋当月の出荷台数という計算で求められる。

SUM　=B3+C2

	A	B	C	D	E	F	G	H	I	J	K	L	M	N
1		4月	5月	6月	7月	8月	9月	10月	11月	12月	1月	2月	3月	
2	出荷台数	954	875	810	669	610	885	632	520	954	517	669	1091	
3	累計台数	954	=B3+C2	ドラッグコピー										
4														
5														

図 10.31　累計値の計算例

操作としてはB3に数式 =B2 を入力し，C3に数式 =B3+C2 を入力してC3の数式を右にコピーすればよい。

図 10.32 には累計台数の結果が表示されている。ここから出荷台数の棒グ

	A	B	C	D	E	F	G	H	I	J	K	L	M	N
1		4月	5月	6月	7月	8月	9月	10月	11月	12月	1月	2月	3月	
2	出荷台数	954	875	810	669	610	885	632	520	954	517	669	1091	
3	累計台数	954	1829	2639	3308	3918	4803	5435	5955	6909	7426	8095	9186	
4														
5														
6														

① 選択

② 縦棒グラフ作成

（a） 出荷台数

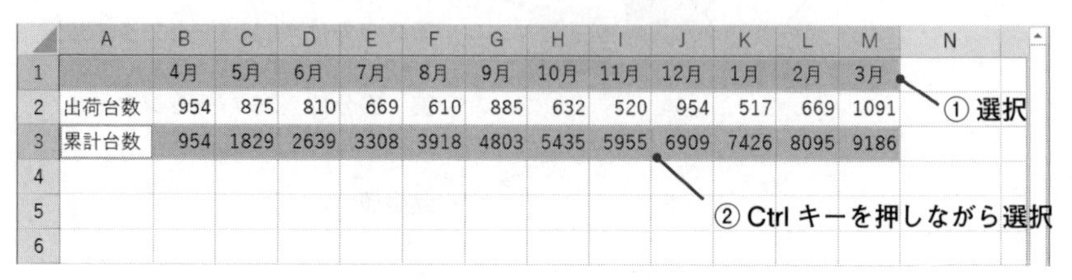

	A	B	C	D	E	F	G	H	I	J	K	L	M	N
1		4月	5月	6月	7月	8月	9月	10月	11月	12月	1月	2月	3月	
2	出荷台数	954	875	810	669	610	885	632	520	954	517	669	1091	
3	累計台数	954	1829	2639	3308	3918	4803	5435	5955	6909	7426	8095	9186	
4														
5														
6														

③ 折れ線グラフ作成

（b） 累計台数

図 10.32　同じ表データの系列別のグラフ作成

ラフと累計台数の折れ線グラフをそれぞれ作成する。

まず，棒グラフ作成のために図（a）のように出荷台数のデータ範囲として ① A1 ～ M2 を選択後，② 縦棒グラフを作成する。

つぎに折れ線グラフ作成のために累計台数のデータ範囲を選択するが，連続

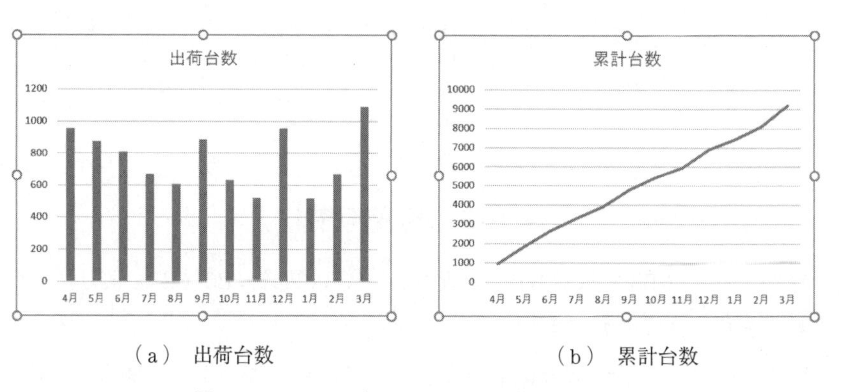

（a） 出荷台数　　（b） 累計台数

図 10.33　データ系列別にグラフを作成した状態

して選択すると出荷台数のデータも含まれてしまう。不連続のセル範囲を選択するには，図（b）のように①A1～M1の選択後，②Ctrlキーを押しながらA3～M3を選択する。この状態で③折れ線グラフの作成を行う。**図10.33**は二つのグラフが作成された結果である。

10.3.4 数式を使ったヒストグラム

図10.34は，ヒストグラム作成のために数式によって値範囲（ランク）ごとのカウントを求める例である。これにはさまざまな方法があるが，この例では0～100点で表された点数データ100件に対し，以下のように十の位の値を数える方法をとる。

第一に，点数の十の位のデータを作成する。B2には数式 =INT(A2/10) を入力して下にコピーする。この計算は 72 ÷ 10 → 7.2，INT(7.2) → 7 というように割り算と切り捨てにより十の位が得られる。

=INT(A2/10)　=COUNTIF($B$2:$B$101,C2/10)

	A	B	C	D
1	点数	10の位	ランク	人数
2	72		0	
3	20		10	
4	49		20	
5	33		30	
6	51		40	
7	64		50	
8	37		60	
9	47		70	
10	84		80	
11	62		90	
12	74		100	
13	79			
14	78			
15	56			
16	80			

Sheet1

（a） 点数とランクの入力

	A	B	C	D
1	点数	10の位	ランク	人数
2	72	7	0	1
3	20	2	10	2
4	49	4	20	7
5	33	3	30	12
6	51	5	40	16
7	64	6	50	23
8	37	3	60	12
9	47	4	70	12
10	84	8	80	7
11	62	6	90	7
12	74	7	100	1
13	79	7		
14	78	7		
15	56	5		
16	80	8		

Sheet1

（b） 数式入力とコピー

図10.34 数式によるヒストグラム用の集計

第二に，ヒストグラムのランクとして0，10，20，…，100のデータをC2以降に数値入力しておく。

第三に，D2に数式 =COUNTIF($B$2:$B$101,C2/10) を入力してランクの数だけ下にコピーする。この関数はCOUNTIF(範囲 , 条件) という形式によって「範囲」内のデータから「条件」に一致するものを数える。範囲は十の位のデータなので7，2，4，3，…を参照する。条件はランク値を10で割った値なので，例えばD4の数式ではランクが20なので2が条件となり，十の位の100件のデータから2と一致するデータを数えて7という結果が得られている。

ヒストグラムのグラフ作成のためのデータが用意できたので，**図10.35**のようにD1～D12を選択して縦棒グラフを作成する。このときグラフの横軸のラベルは自動的に1，2，3，…という連続番号が仮につけられており，つぎにこれをランク値の点数（0，10，20，…）に変更する。

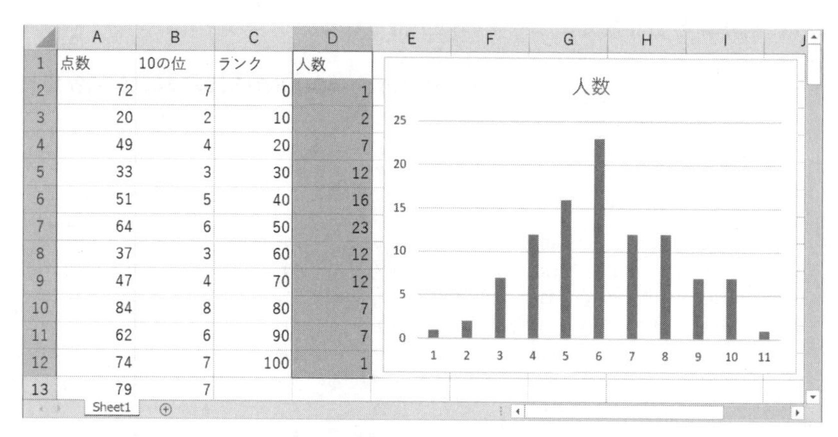

図10.35　棒グラフによるヒストグラム作成

操作については，**図10.36**のように「グラフツール」→「デザイン」→「データの選択」をクリックすれば「データソースの選択」ウィンドウが表示される。

つぎに，**図10.37**の「データソースの選択」ウィンドウで「横（項目）軸ラベル」→「編集」をクリックする。さらに，「軸ラベル」ウィンドウが開き

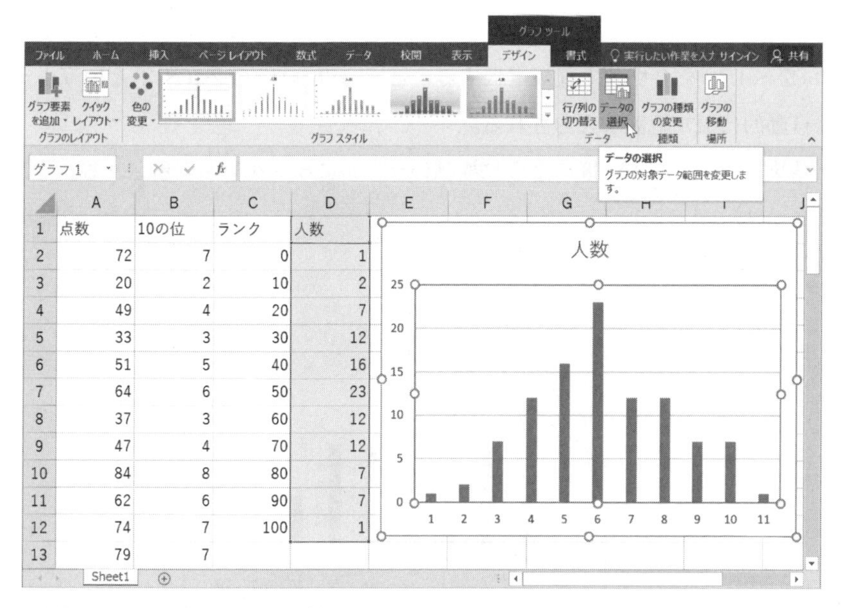

図 10.36　軸ラベルの変更（「グラフツール」→「デザイン」→「データの選択」）

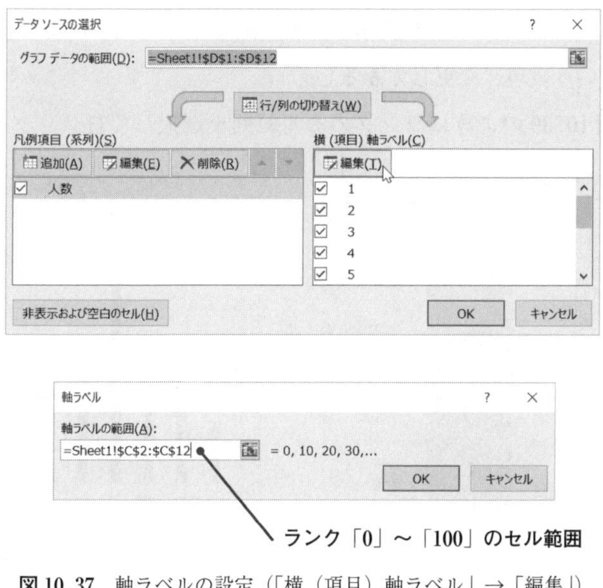

図 10.37　軸ラベルの設定（「横（項目）軸ラベル」→「編集」）

「軸ラベルの範囲」にランク値のセル範囲を入力する。この例では，シート上の C2 ～ C12 をマウスで直接選択することで =Sheet1!$C$2:$C$12 というように自動的にセル範囲が入力される。

結果として，**図 10.38** のように横軸のラベルにランク値が表示される。

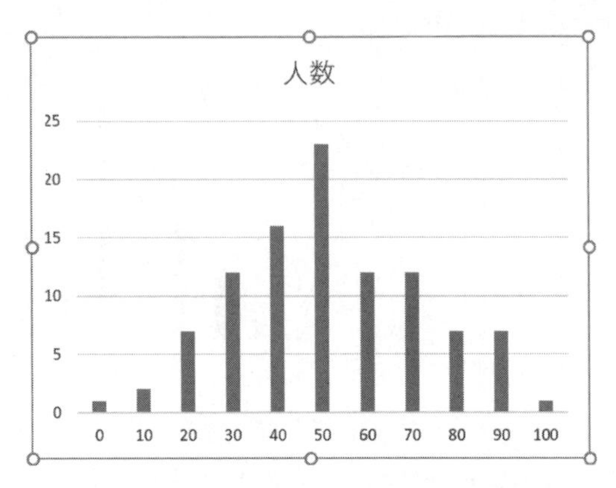

図 10.38　軸ラベルをランク値に変更した状態

さらに，グラフ上のランク表示を「0，10，20，…」から「0 ～，10 ～，20 ～，…」という表現に変更してみる。

手順は**図 10.39** のようにランクのセル範囲を選択して右クリック→「セル

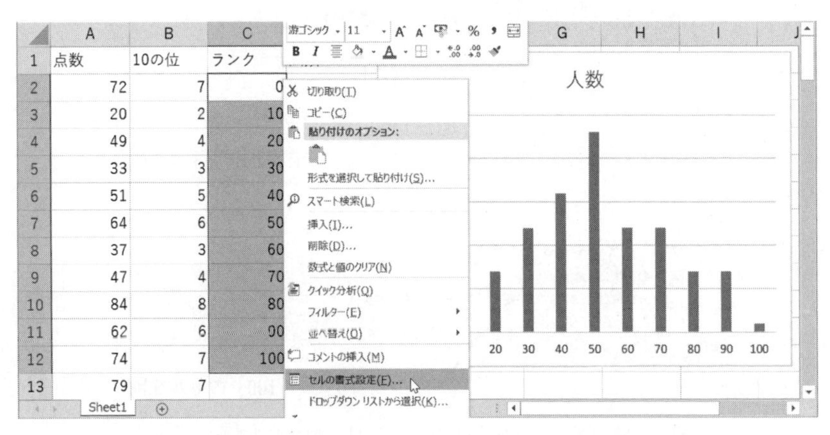

図 10.39　ランクの書式設定（右クリック→「セルの書式設定」）

の書式設定」を選択する。

つぎに，**図 10.40** の「セルの書式設定」→「表示形式」タブにおいて，「分類」から「ユーザー定義」を選択し「種類」に「0"～"」と入力すれば，**図 10.41** のようにセルの書式設定がグラフにも反映される。

図 10.40　ランクの書式設定

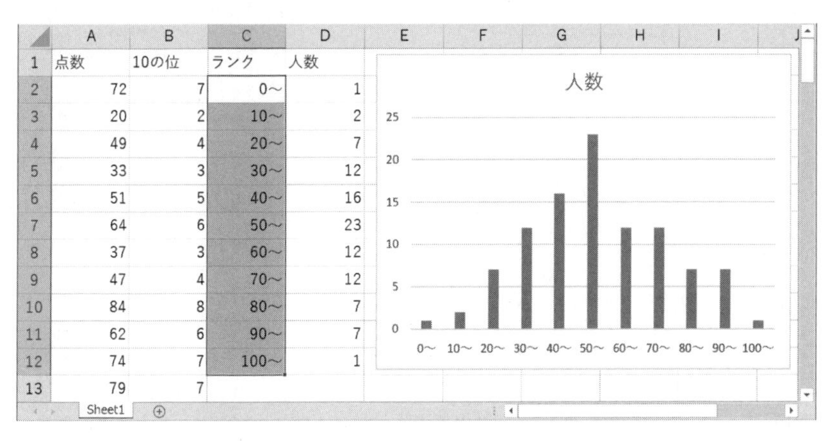

図 10.41　セルの書式設定によるランク表示の変更

また，セルの書式設定を変更しない方法もある。**図 10.42** のように，グラフ横軸を選択して右クリック→「軸の書式設定」を選択する。

つぎに**図 10.43** のように「軸の書式設定」→「軸のオプション」→「表示形式」において「表示形式コード」に「0"～"」と入力して「追加」ボタンを

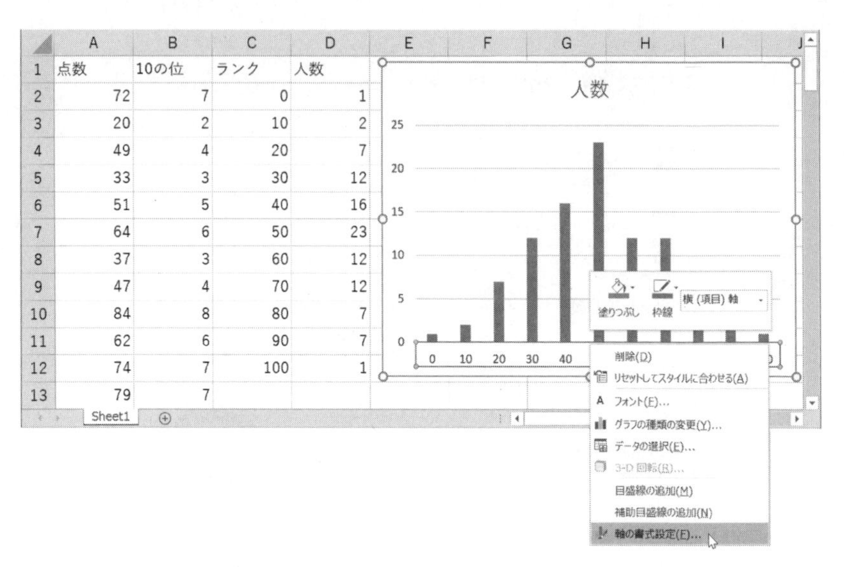

図 10.42　軸の書式設定によるランク表示の変更（横軸右クリック→「軸の書式設定」）

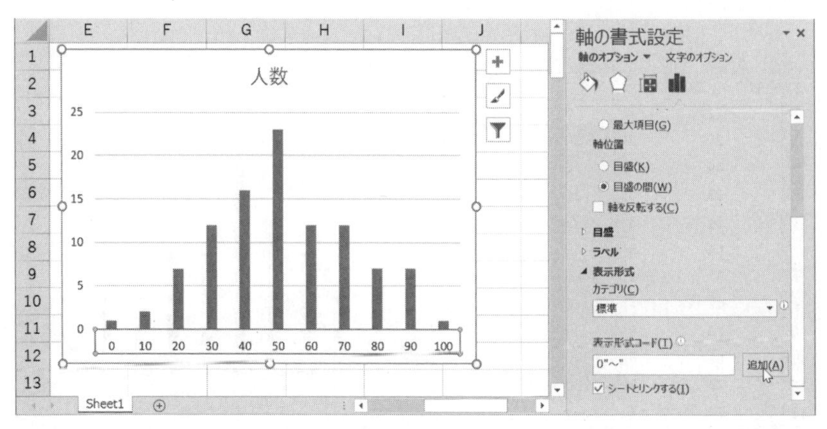

図 10.43　軸の表示形式を変える（「軸の書式設定」→「軸のオプション」→「表示形式」）

クリックする。

すると**図 10.44** のようにグラフの軸ラベルに書式が反映されるが，今度はセルの書式設定はそのままで変わっていない。

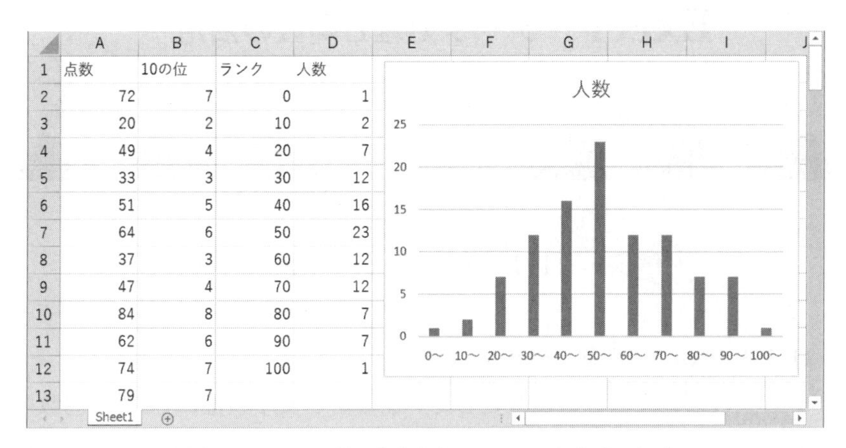

図 10.44　グラフ軸の書式設定によるランク表示の変更

なお，以上のようなヒストグラムは「分析ツール」機能によっても作成することができる。それには，「ファイル」→「オプション」→「アドイン」の「管理」で「Excel アドイン」を選択し「設定」をクリック，「分析ツール」にチェックをつけておくと「データ」→「分析」→「データ分析」のリボンメニューが出現してヒストグラムによる分析が使えるようになる。

11

Excel ― データ処理と関数の活用 ―

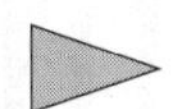 11.1 カ ウ ン ト 

11.1.1 COUNT 関数・COUNTA 関数

データの個数を数える関数として，数値用と文字列用に COUNT 関数と COUNTA 関数がある。これらはつぎのような形式で使用し，両者ともに空白のセルは数えない。また，カウント対象の数値や文字列は直接入力されたセルの値であっても，また数式の結果であってもかまわない。

- **COUNT（範囲）** … **範囲で数値セルの個数を数える。**
- **COUNTA（範囲）** … **範囲で文字列セルの個数を数える。**

図 11.1 では，I2 の数式 =COUNTA(C2:C11) によって C 列のデータから文

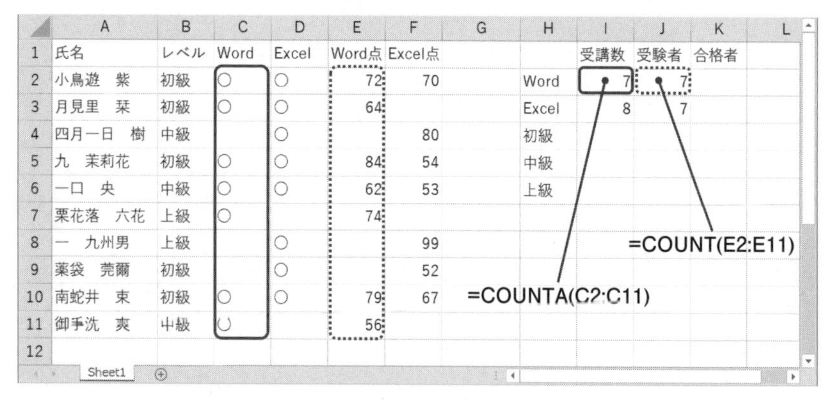

	A	B	C	D	E	F	G	H	I	J	K	L
1	氏名	レベル	Word	Excel	Word点	Excel点			受講数	受験者	合格者	
2	小鳥遊　紫	初級	○	○	72	70		Word	7	7		
3	月見里　栞	初級	○	○	64			Excel	8	7		
4	四月一日　樹	中級		○		80		初級				
5	九　茉莉花	初級	○	○	84	54		中級				
6	一口　央	中級	○	○	62	53		上級				
7	栗花落　六花	上級	○		74							
8	一　九州男	上級		○		99						
9	薬袋　莞爾	初級		○		52						
10	南蛇井　束	初級	○	○	79	67						
11	御手洗　爽	中級	○		56							
12												

図 11.1 COUNT 関数と COUNTA 関数の使用例

字列のセルの個数を求め，また J2 の数式 =COUNT(E2:E11) によって E 列のデータから数値のセルの個数を求めている。

11.1.2 COUNTIF 関数

COUNTIF 関数は条件付きで数値のセルを数える関数である。条件には値あるいは比較演算子を使った条件式が使用できる。

- **COUNTIF（範囲，条件）　…　範囲で条件を満たす数値セルの個数を数える。**

図 11.2 の例では，I4 の数式 =COUNTIF($B$2:$B$11,H4) によって B 列から H4 の値と一致するセルの個数を数えている。この関数は「条件」の値と一致する場合のみ数える。この例の場合，「レベル」の列から「初級」のデータ数を数えている。なお，範囲を $B$2:$B$11 というように絶対参照にしているのは，「中級」と「上級」の個数も数えるためにこの数式をそれらのセルにコピーするためである。

	A	B	C	D	E	F	G	H	I	J	K	L
1	氏名	レベル	Word	Excel	Word点	Excel点			受講数	受験者	合格者	
2	小鳥遊　紫	初級	○	○	72	70		Word	7	7	6	
3	月見里　栞	初級	○	○	64			Excel	8	7	4	
4	四月一日　樹	中級		○		80		初級	5			
5	九　茉莉花	初級	○	○	84	54		中級	3			
6	一口　央	中級	○	○	62	53		上級	2			
7	栗花落　六花	上級	○		74							
8	一　九州男	上級		○		99						
9	薬袋　莞爾	初級		○		52						
10	南蛇井　束	初級	○	○	79	67						
11	御手洗　爽	中級	○		56							
12												

Sheet1

=COUNTIF(E2:E11,">=60")

=COUNTIF($B$2:$B$11,H4)

図 11.2　COUNTIF 関数の使用例

また，K2 の数式 =COUNTIF(E2:E11,">=60") では，条件に「>=60」という比較条件を指定している。これによって E 列から 60 以上の数値のセルを数えることで，「Word 点」において合格点数を 60 点以上とした際の合格者数を求めている。このように，COUNTIF関数の条件では数値，文字列，比較演算子を用いた条件式などを指定することができる。

11.2 条件分岐

11.2.1 IF関数・AND関数・OR関数

IF関数は条件の結果によって2通りの値を得る関数であり，つぎのような形式で使用する。

- **IF（条件 , 真の場合の値 , 偽の場合の値）**　…
  条件が真（TRUE）ならば真の場合の値を返す。
  条件が偽（FALSE）ならば偽の場合の値を返す。

図11.3の例では，F2の数式 =IF(E2>=60,"合格","") によってE列の値が60以上ならば「合格」を，それ以外は「""」（空の文字列）を返してセルに表示している。他の合否や判定についてもIF関数を使った数式を入力して下にコピーしている。

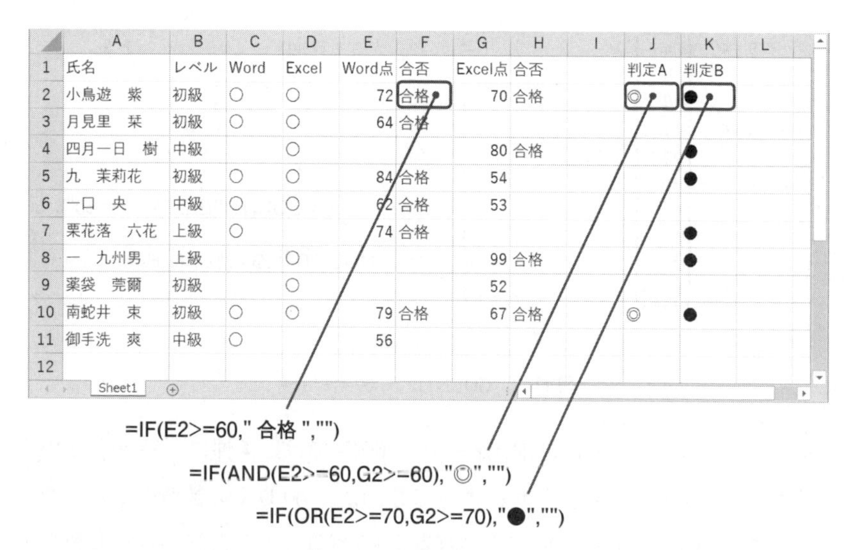

	A	B	C	D	E	F	G	H	I	J	K	L
1	氏名	レベル	Word	Excel	Word点	合否	Excel点	合否		判定A	判定B	
2	小鳥遊　紫	初級	○	○	72	合格	70	合格		◎	●	
3	月見里　栞	初級	○	○	64	合格						
4	四月一日　樹	中級		○			80	合格			●	
5	九　茉莉花	初級	○	○	84	合格	54				●	
6	一口　央	中級	○	○	62	合格	53					
7	栗花落　六花	上級	○		74	合格					●	
8	一　九州男	上級		○			99	合格			●	
9	薬袋　莞爾	初級		○			52					
10	南蛇井　東	初級	○	○	79	合格	67	合格		◎	●	
11	御手洗　爽	中級	○		56							
12												

図11.3　IF関数の使用例

J2 と K2 の数式では，二つ以上の条件式による複合条件を使っている。複合条件にはつぎのような AND 関数，OR 関数を使用する。

- **AND（条件式 1，条件式 2,…）　…　条件式がすべて真なら真を返す。**
- **OR（条件式 1，条件式 2,…）　…　条件式が一つでも真なら真を返す。**

この例では，「判定 A」，「判定 B」の数式はつぎのような意味である。

- **判定 A　… Word 点が 60 以上かつ Excel 点が 60 以上を◎とする。**

  =IF(［E2>=60 かつ G2>=60］," ◎ ","")

  =IF(AND（E2>=60,G2>=60）," ◎ ","")

- **判定 B　… Word 点が 70 以上または Excel 点が 70 以上を●とする。**

  =IF(［E2>=70 または G2>=70］," ● ","")

  =IF(OR（E2>=70,G2>=70）," ● ","")

11.2.2　IF 関数の多岐分岐構造

関数の引数にはさらに関数式を記述できるので，IF 関数の中でさらに IF 関数を使ったネスティング（入れ子）構造が作れる。これはプログラミング言語などでは多岐分岐構造としてよく出現する処理パターンである。

図 11.4 の例では，C2 の数式により「点数」に応じて「判定」を「*」，

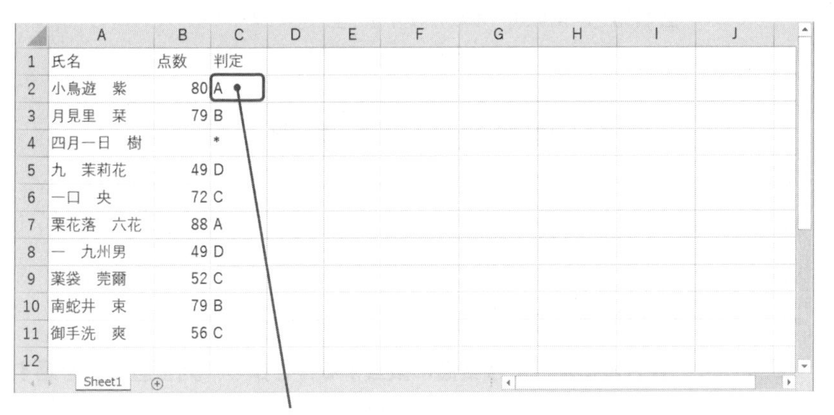

	A	B	C
1	氏名	点数	判定
2	小鳥遊　紫	80	A
3	月見里　栞	79	B
4	四月一日　樹		*
5	九　茉莉花	49	D
6	一口　央	72	C
7	栗花落　六花	88	A
8	一　九州男	49	D
9	薬袋　莞爾	52	C
10	南蛇井　束	79	B
11	御手洗　爽	56	C
12			

=IF(B2="","*",IF(B2>=80,"A",IF(B2>=75,"B",IF(B2>=50,"C","D"))))

図 11.4　ネスティングした IF 関数の使用例

「A」,「B」,「C」,「D」の5種類に分類しており，この数式を下にコピーしている。

C2の数式はIF関数を4回使用した長い記述であるが，この処理構造をフローチャート（流れ図）で表すと**図11.5**のようになる。構造は規則的であり，条件を一つずつ試していき条件を満たすとその場合の値を結果とするものである。数式の記述では，偽の場合の式の位置にさらにIF式を使用する形となっている。これによって点数からランクや評価などを求めるような数式が作れる。

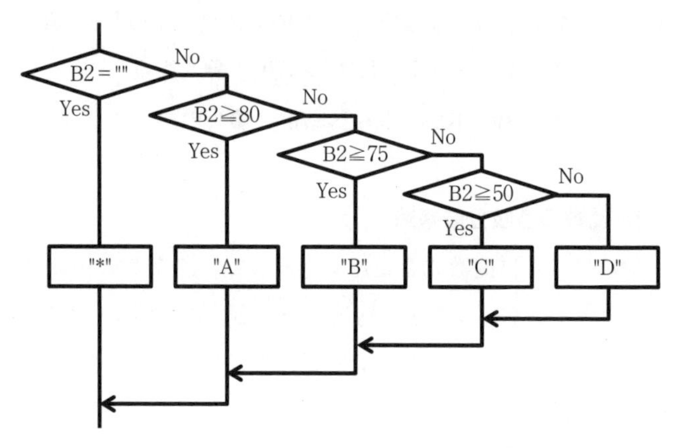

図11.5　IF関数式の多岐分岐構造を表したフローチャート

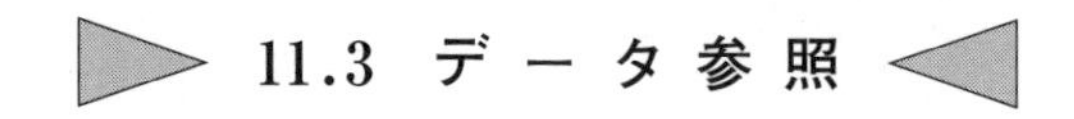

11.3 データ参照

11.3.1 VLOOKUP関数

VLOOKUP関数はデータを検索する関数でありつぎのような形式で使用する。

- **VLOOKUP（検索値，範囲，列位置，一致方法）**　…

　範囲から一致方法によって検索値に該当する行を探し，列位置の値を返す。

　　検索値：　**（範囲のいちばん左の列から）検索する値を指定する。**

　　範囲：　**検索対象となるセル範囲を指定する。**

列位置：　範囲内で左から数えた列の位置 1, 2, 3, … を指定する。

一致方法：　TRUE はデータが見つからなければ検索値未満の最大値

FALSE は完全一致するデータを探す。

VLOOKUP 関数の使用例を以下に示す。**図 11.6** は社員名簿および社内研修の Word 講習会での点数であり，それぞれ Sheet1 と Sheet2 にデータが入力されている。

	A	B	C	D
1	番号	氏名		
2	A001	小鳥遊　紫		
3	A002	月見里　栞		
4	A003	四月一日　樹		
5	A004	九　茉莉花		
6	A005	大和口　央		
7	A006	栗花落　六花		
8	A007	一　九州男		
9	A008	薬袋　莞爾		
10	A009	南蛇井　束		
11	A010	御手洗　爽		
12				

Sheet1　Sheet2

（a）　社員名簿リスト

	A	B	C	D
1	受講者	Word		
2	A001	72		
3	A002	64		
4	A004	84		
5	A005	62		
6	A006	74		
7	A009	79		
8	A010	56		
9				
10				
11				
12				

Sheet1　Sheet2

（b）　テストの点数

図 11.6　社員名簿リストとテストの点数

いま，Sheet2 に対して**図 11.7** のように B 列に 1 列挿入し，そこに氏名を表示させたい。しかし，受講者の番号を見ると間が飛んでいるので，社員名簿から単純にコピーはできない。

そこで，VLOOKUP 関数を利用して Sheet1 の社員名簿リストから氏名を検索して表示させる。**図 11.8** のように B2 に VLOOKUP 関数を使った数式を入力して下にコピーする。これによって A 列の受講者番号を社員名簿リストから検索し，番号に対応する氏名をそれぞれ得ることができる。

この数式に与えられた引数は以下のような意味となる。なお，この数式を下のセルにすべてコピーするので，範囲には絶対参照を使っている。

	A	B	C
1	受講者	氏名	Word
2	A001		72
3	A002		64
4	A004		84
5	A005		62
6	A006		74
7	A009		79
8	A010		56

図 11.7　成績一覧表の作成

=VLOOKUP(A2,Sheet1!$A$2:$B$11,2,FALSE)

	A	B	C
1	受講者	氏名	Word
2	A001	小鳥遊　紫	72
3	A002	月見里　栞	64
4	A004	九　茉莉花	84
5	A005	大和口　央	62
6	A006	栗花落　六花	74
7	A009	南蛇井　東	79
8	A010	御手洗　爽	56

図 11.8　VLOOKUP 関数による氏名の表示

VLOOKUP(A2,Sheet1!$A$2:$B$11,2,FALSE)　→　"小鳥遊　紫"

- **検索値　…　A2　→　"A001"**
- **範囲　…　Sheet1!$A$2:$B$11　→　名簿データのセル範囲**
- **列位置　…　2　→　氏名の列**
- **一致方法　…　FALSE　→　完全一致で検索**

つぎに，もう一つ VLOOKUP 関数の使用例を示す。**図 11.9** はある試験における試験データリストである。Sheet1，Sheet2，Sheet3 はそれぞれ試験 1，

	A	B	C
1	番号	必修Ⅰ	必修Ⅱ
2	A001	74	91
3	A002	78	88
4	A003	90	87
5	A004	68	52
6	A005	65	51
7	A006	60	89
8	A007	71	65
9	A008	47	71
10	A009	76	59
11	A010	84	40
12			

Sheet1 Sheet2 Sheet3 Sheet4

（a） 試験1の結果

	A	B
1	番号	選択Ⅰ
2	A001	40
3	A002	63
4	A003	83
5	A005	41
6	A006	85
7	A008	45
8		
9		
10		
11		
12		

Sheet1 Sheet2 Shee

（b） 試験2の結果

	A	B	C
1	番号	選択Ⅱ	
2	A003	77	
3	A004	90	
4	A005	95	
5	A007	58	
6	A008	62	
7	A009	70	
8	A010	85	
9			
10			
11			
12			

Sheet1 Sheet2 Sheet3

（c） 試験3の結果

図 11.9 三つの点数データリスト

2，3の点数結果であり，データの形式は先頭行を見出しとし，先頭列に受験番号，以降の列に科目ごとの点数が記載されている。なお，選択科目を含むため試験1，2，3の受験者は一致していない。

VLOOKUP 関数の具体的な使い方を見ながら解説する。例えば Sheet1 において番号「A003」の点数を検索して得る場合を考えてみる。つぎの使用例では，（1）によって「必修Ⅰ」の点数，（2）によって「必修Ⅱ」の点数が得られる。

（1）**VLOOKUP（"A003",A2:C11,2,FALSE）→ 90　… A003 の必修Ⅰの点数**

（2）**VLOOKUP（"A003",A2:C11,3,FALSE）→ 87　… A003 の必修Ⅱの点数**

（1）の引数を見てみると，検索値「"A003"」は検索ターゲットであり，範囲「A2:C11」が検索場所である。VLOOKUP は範囲の先頭から検索値を探す処理を行う。この例では範囲の3行目つまりシートの4行が一致する。一致方法「FALSE」により完全一致するときだけ値が得られ，一致データがない場合はエラーとなる。また，列位置「2」によって範囲の2列目つまりシートのB列が対象となる。よって，B4の値である「90」が結果として返される。（2）についても同様の処理が行われ，列位置だけが異なり「3」であるから C4 の「87」が結果として返される。

図 11.10 は VLOOKUP 関数の使用例である。これは，すべての試験データリストから一つのシートに結果を集約する作業である。各データリストの受験者が一致していない状況では単純なコピーができないが，VLOOKUP 関数を使用することで正しくデータを集約することができる。

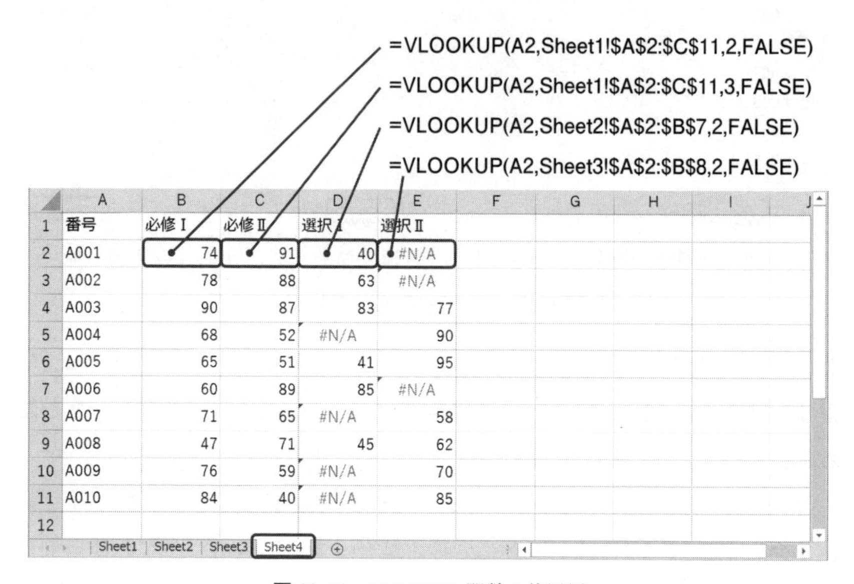

	A	B	C	D	E	F	G	H	I
1	番号	必修 I	必修 II	選択 I	選択 II				
2	A001	74	91	40	#N/A				
3	A002	78	88	63	#N/A				
4	A003	90	87	83	77				
5	A004	68	52	#N/A	90				
6	A005	65	51	41	95				
7	A006	60	89	85	#N/A				
8	A007	71	65	#N/A	58				
9	A008	47	71	45	62				
10	A009	76	59	#N/A	70				
11	A010	84	40	#N/A	85				
12									

図 11.10　VLOOKUP 関数の使用例

操作は B2，C2，D2，E2 に各科目の点数を参照する VLOOKUP 関数の数式を入力して下にコピーする。範囲は絶対参照としており，さらに検索値は A2 というようにセル番地を使用している。こうすることで数式を下にコピーすることができ，作業効率がよい。なお，データが存在しない箇所はエラーとして「#N/A」が表示されている。

11.3.2　IFERROR 関数

IFERROR 関数は，数式の結果がエラーになった場合に指定した値を返す関数であり，つぎのような形式で使用する。

- **IFERROR（数式 , エラー時の値）**　…

数式の値がエラーでなければその値を返す。

数式の値がエラーならばエラー時の値を返す。

図 11.11 は VLOOKUP 関数によって別のシートから点数を集約した試験結果であるが，データが存在しない箇所は #N/A エラーとなっている。

=VLOOKUP(A2,Sheet2!$A$2:$B$7,2,FALSE)

=VLOOKUP(A2,Sheet3!$A$2:$B$8,2,FALSE)

=SUM(B2:E2)

	A	B	C	D	E	F	G	H	I
1	番号	必修Ⅰ	必修Ⅱ	選択Ⅰ	選択Ⅱ		合計点		
2	A001	74	91	40	#N/A		#N/A		
3	A002	78	88	63	#N/A		#N/A		
4	A003	90	87	83	77		337		
5	A004	68	52	#N/A	90		#N/A		
6	A005	65	51	41	95		252		
7	A006	60	89	85	#N/A		#N/A		
8	A007	71	65	#N/A	58		#N/A		
9	A008	47	71	45	62		225		
10	A009	76	59	#N/A	70		#N/A		
11	A010	84	40	#N/A	85		#N/A		
12									

Sheet1　Sheet2　Sheet3　Sheet4

図 11.11　VLOOKUP 関数によるエラー発生

また，G2 で全科目の合計点を SUM 関数で求めようとしても同じくエラーとなっている。これは，#N/A エラーは計算には使えないため，点数に一つでも #N/A エラーがあると SUM 関数の結果もまた #N/A エラーになるためである。このように数式の計算途中でエラーが発生すると，最終結果までエラーが伝搬する。

VLOOKUP 関数の使用では検索結果がエラーになる場合があるが IFERROR 関数を併用することでエラー表示を回避できる。**図 11.12** のように，VLOOKUP 関数の数式結果に対し，IFERROR によってエラーの場合は "" （空の文字列）を返すようにする。

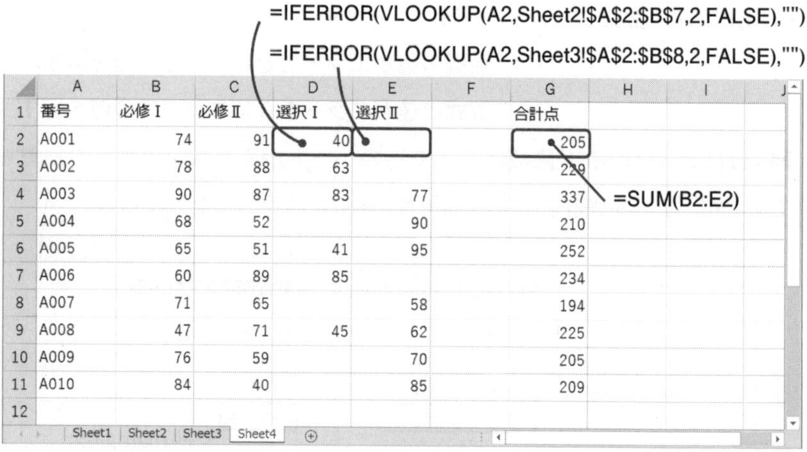

=IFERROR(VLOOKUP(A2,Sheet2!$A$2:$B$7,2,FALSE),"")

=IFERROR(VLOOKUP(A2,Sheet3!$A$2:$B$8,2,FALSE),"")

	A	B	C	D	E	F	G	H	I
1	番号	必修Ⅰ	必修Ⅱ	選択Ⅰ	選択Ⅱ		合計点		
2	A001	74	91	40			205		
3	A002	78	88	63			229		
4	A003	90	87	83	77		337		
5	A004	68	52		90		210		
6	A005	65	51	41	95		252		
7	A006	60	89	85			234		
8	A007	71	65		58		194		
9	A008	47	71	45	62		225		
10	A009	76	59		70		205		
11	A010	84	40		85		209		
12									

=SUM(B2:E2)

Sheet1 | Sheet2 | Sheet3 | Sheet4

図 11.12　IFERROR 関数によるエラー対策

このようなエラー対策処理によって　#N/A エラーが表示されなくなり，さらにメリットとして G2 の SUM 関数による全科目の合計点が計算できるようになる。SUM 関数には空白セルや文字列セルを無視して数値のみを計算する性質があり，これをうまく利用できるのである。

IF 関数や VLOOKUP 関数は汎用性が高く，あらゆる分野で活用できる。それらを大量のデータ処理に使用する場合，つぎのようなメリットが考えられる。

- **個々のデータや条件に応じて自動的に数値処理を使い分ける。**
- **個々のデータや条件に応じてデータに新たな情報を追加できる。**
- **複数のデータファイル間の突合せ，集約，連携などが自動的に行える。**
- **番号リストなどに関する情報を大量のデータから取り出せる。**

また，数式や関数そして数式コピーによって，つぎのようなメリットが得られる。

- **手作業と異なり迅速にできる。**
- **手作業と異なり間違いが発生しない。**
- **手作業と異なりチェック作業が軽減される。**
- **一度作成した数式入りのシートは再利用できる。**

12 PowerPoint ― 基礎知識 ―

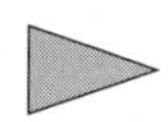

12.1 スライド操作

12.1.1 各部の名称

図 12.1 は PowerPoint 画面の各部名称である。PowerPoint はスライド単位で内容を作成する。左側のサムネイルウィンドウにスライドの一覧が表示され，ここでスライドの追加・削除・移動・コピーなどを行う。右側にはスライ

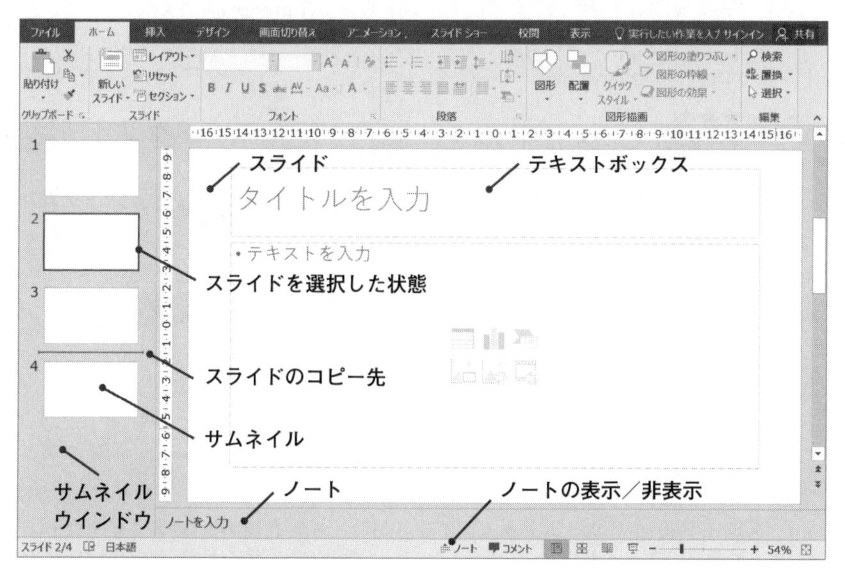

図 12.1　PowerPoint 画面の各部名称

ドの編集画面があり，その下のノートはメモ書きとして利用でき，最下部のステータスバーの「ノート」ボタンで表示/非表示を切り替えることができる。

スライドの編集では，文字情報はテキストボックスを挿入し，図は図形・画像などを挿入していく。また他のソフトウェアから図・表・グラフなどをコピーして配置する。

12.1.2　スライドの追加・削除

スライドの追加や削除は**図 12.2** のように操作する。この操作方法は以下のようにいくつかある。

［**スライドの追加**］

- **方法①　「ホーム」→「スライド」→「新しいスライド」**
- **方法②　「挿入」→「スライド」→「新しいスライド」**

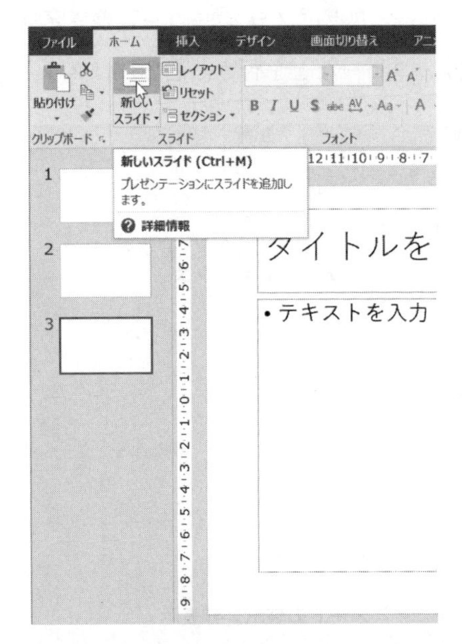

（a）　スライド追加（「ホーム」→「スライド」→「新しいスライド」）

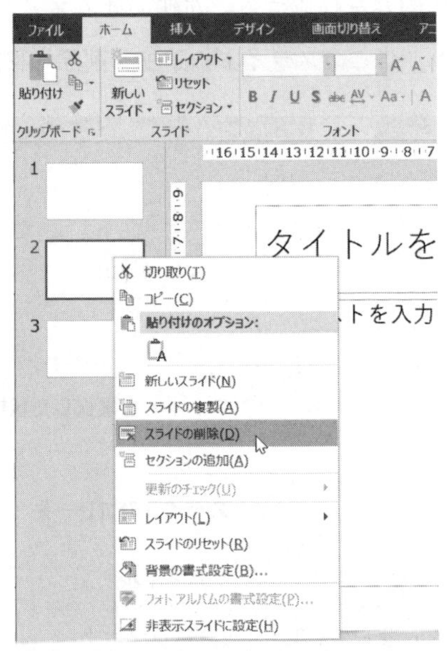

（b）　スライド削除（サムネイルウィンドウでスライドの右クリック→「スライドの削除」）

図 12.2　スライド追加とスライド削除

- **方法③　サムネイルウィンドウで右クリック→「新しいスライド」**

［**スライドの削除**］

- **方法①　スライドの右クリック→「スライドの削除」**
- **方法②　スライドを選択した状態で Del キー**

12.1.3 スライドのコピー・移動

スライドのコピーや移動は**図 12.3** のように操作する。この操作方法は以下のようにいくつかある。

［**スライドのコピー**］

- **方法①　スライドの右クリック→「コピー」，貼り付け位置をクリックして貼り付け操作**
- **方法②　「ホーム」→「クリップボード」→「コピー」，「貼り付け」**
- **方法③　Ctrl-C キーでコピー，Ctrl-V キーで貼り付け**

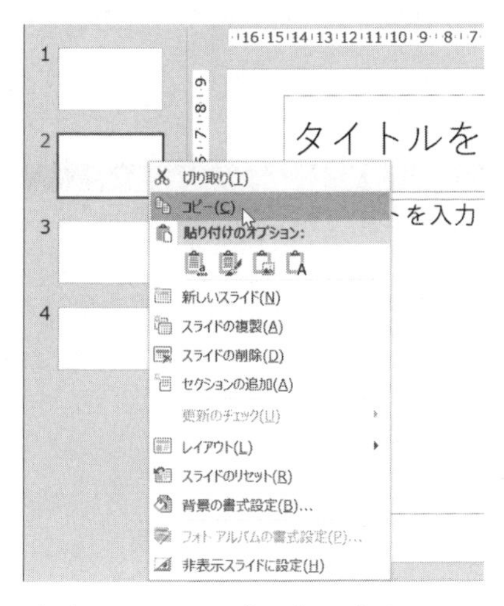

（a）スライドコピー（サムネイルウィンドウでスライドの右クリック→「コピー」）

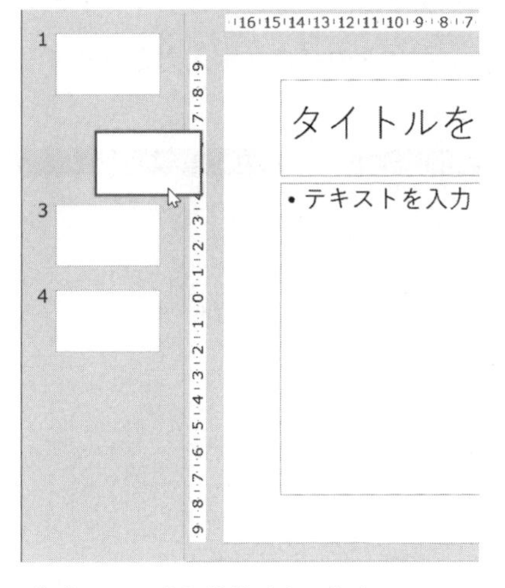

（b）スライド移動（サムネイルウィンドウでスライドのドラッグ）

図 12.3　スライドコピーとスライド移動

［**スライドの移動**］

- **方法 ①　スライドをマウスドラッグ**
- **方法 ②　スライドの右クリック→「切り取り」, 別の位置で貼り付け**
- **方法 ③　Ctrl-X キーで切り取り, Ctrl-V キーで貼り付け**

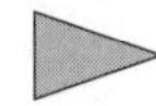 12.2　テキストボックス 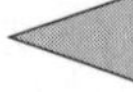

12.2.1　フォントの書式と留意点

スライドへの文字入力は, テキストボックスを作成して行う。テキストボックスは図形の一種であり, 図としての編集操作と内部のテキストに対するフォントや段落の書式設定ができる。

テキストボックスの作成は, **図 12.4** のように「挿入」→「テキスト」→「テキストボックス」をクリックしてからスライド上で矩形範囲をマウスドラッグする。すると空のテキストボックスが作成され, そこにキー入力によってテキスト内容の文字入力を行う。

図 12.4　テキストボックスの作成（「挿入」→「テキスト」→「テキストボックス」）

テキストボックスの文字は, 「ホーム」→「フォント」において, **図 12.5** の「フォント」,「フォントサイズ」,「太字」や, **図 12.6** の「フォントの色」などによって書式設定する。

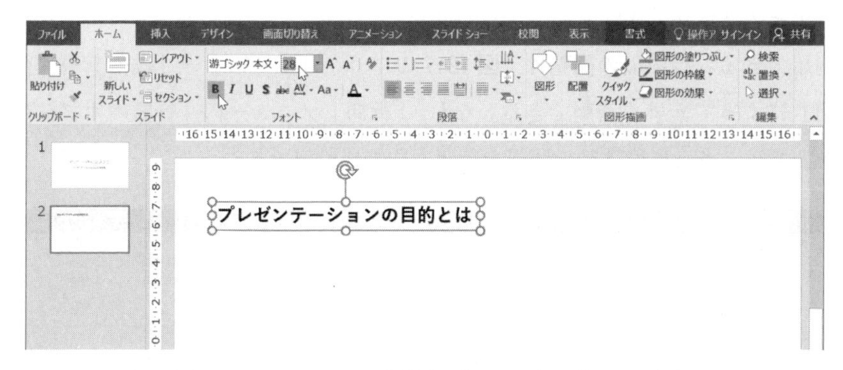

図 12.5　テキストのフォント設定（「ホーム」→「フォント」→
「フォント」・「フォントサイズ」・「太字」など）

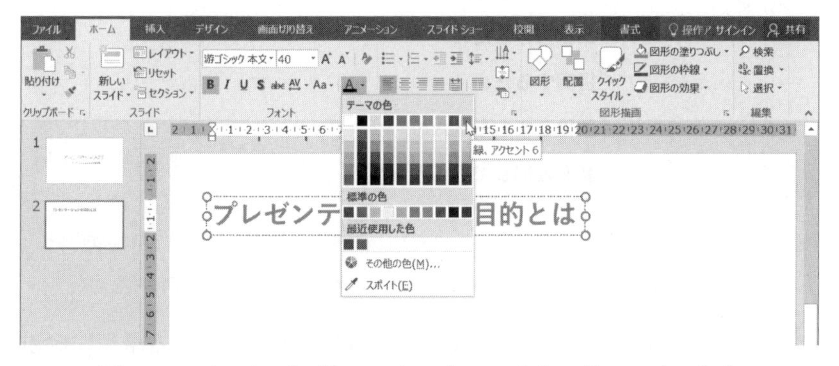

図 12.6　テキストの色（「ホーム」→「フォント」→「フォントの色」）

実際のプレゼンテーション（発表）では，スライドはプロジェクタ装置でスクリーンに映し出して使用することが多い。その際，最後尾の座席でも視認できるようにフォントサイズは少なくとも 20 ～ 30 ポイント程度とし，色は背景に対するコントラストを考慮しつつ調整するとよい。

12.2.2　段落書式と箇条書きの効果

スライドは一般の文章と異なり，スライドサイズを基準とした全体的なバランスと視認性を考慮しながら作成する。

テキストボックスは箇条書き，行間隔，インデントなどの各種の段落書式が適用できる。行間隔の調整は，**図 12.7** のように「ホーム」→「段落」→「行間」によって素早く調整できる。なお，「行間」メニューの「行間のオプション」では，さらに段落後の間隔や行間を詳細に設定できる。

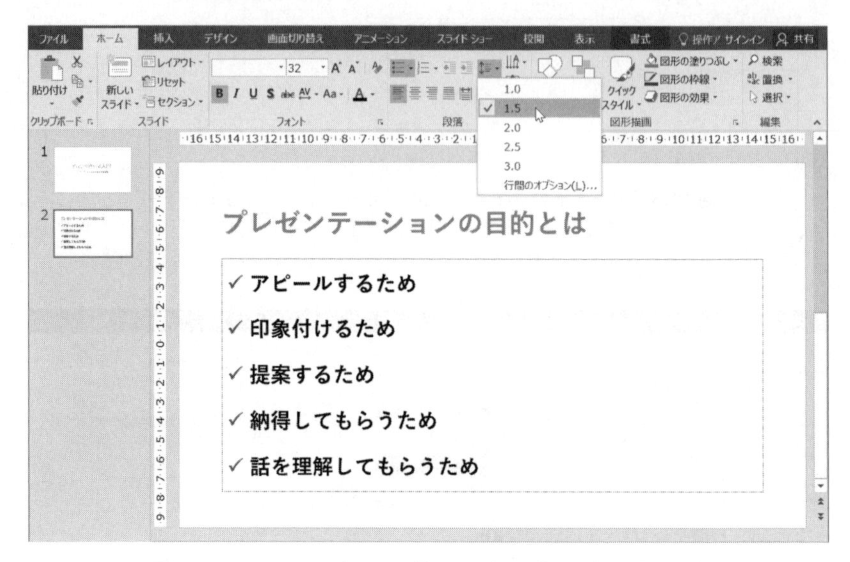

図 12.7　テキストの行間隔（「ホーム」→「段落」→「行間」）

スライドでは箇条書きや行頭文字の活用が効果的である。日本語として完成された長い文よりも，例えば主語がなく部分的な文であっても短くまとまった箇条書きのほうがポイントを表現しやすく，行頭文字のデザインや色が視覚的な要素としてアクセントとなる。これらの効果は，聞き手に対して注意を引き，集中させ，印象づけや理解を促すねらいがある。

テキスト表現が短く文法的に不足したものでも，口頭による言葉できちんと文章表現すればよい。大雑把にいうとつぎのようなことであり，ポイントを伝えるというプレゼンテーションの効果にも影響する。

［スライドと口頭での文字量］

- **スライドの文字が多い，口頭の言葉が少ない　→　聞き手は苦労する**
- **スライドの文字が少ない，口頭の言葉が十分　→　聞き手は楽である**

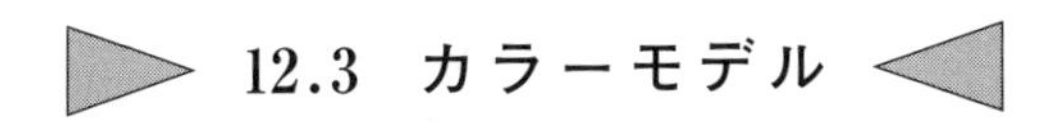

12.3 カラーモデル

12.3.1 色相環とコントラスト

スライドにおける色の使い方では，その性質を理解することが重要である。色（光）には赤，青というように種類（色相）があり，それを色相環として表したのが**図 12.8**（a）である。隣接している色相は近い色であり，最も離れている対角位置は色相の差が大きくそれらは**補色**と呼ばれる（図（b））。

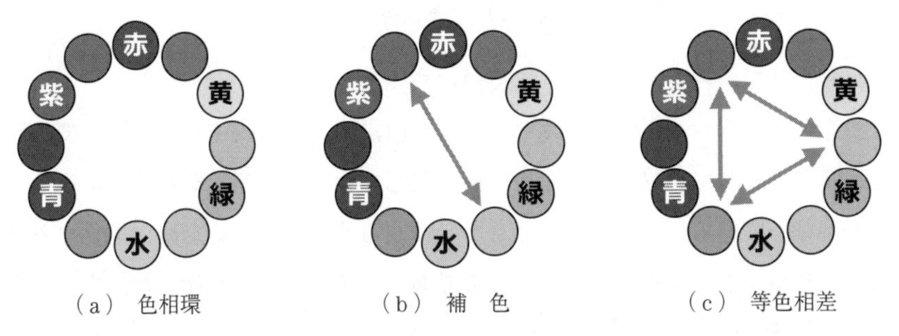

（a） 色相環　（b） 補　色　（c） 等色相差

図 12.8　色相環（図（a））と高コントラストの関係（図（b），図（c））

色相差はコントラストの大きさを意味し，スライド上の背景と文字などでは両者のコントラストが大きいほうが区別しやすい。また，たがいにコントラストの大きい三つの色を選択するとしたら，色相環で正三角形の位置にある色相を選ぶ（図（c））。なお，実際に色相差によるコントラストの大きさで色を設定しても，ほかに彩度や輝度なども関係するので，見ながら調整する必要がある。

12.3.2 人 の 色 感 度

人の目は色相によって感じ方が異なる。これは色（光）の波長に対して明るく感じる強さ（比視感度）が異なるためである。**図 12.9** は人の標準的な被視感度曲線である。この特性によると，緑の波長に対して明るく感じ，青や赤に対しては暗く感じていることになる。白地のスライドで緑やそれに近い黄色，水色などの文字色を使うと読みづらいことがある。明るい白に対しコントラス

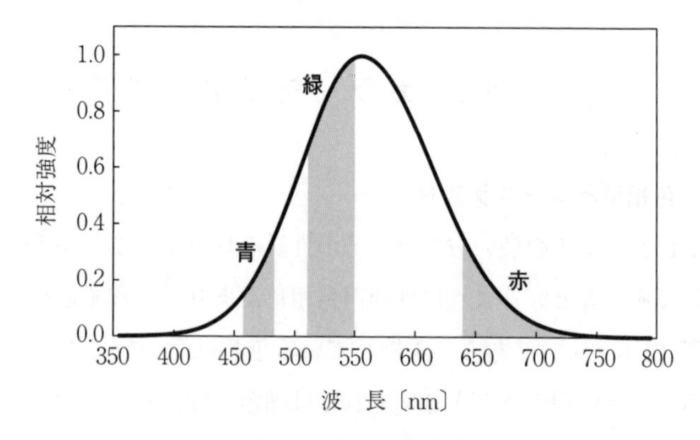

図 12.9　標準比視感度

トがあまりないので区別がつきにくいためである。

多くのソフトウェアでは，カラー画像を白黒画像に変換するにあたって，比視感度を考慮して赤緑青の 3 原色を白黒化して合成する際，それぞれ重みを与えて計算している。これは，もともと緑は明るく見えているため白黒化すると暗く感じバランスが崩れてしまうからである。色を構成する赤，緑，青の値をそれぞれ R, G, B, グレースケール化した際の値を Y とするとつぎのように求められる。

NTSC 系加重平均法

$$Y = R \times 0.298\,912 + G \times 0.586\,611 + B \times 0.114\,478 \qquad (12.1)$$

12.3.3　RGB と HSL

色をその属性値によって表現するカラーモデルにはいくつかの方式があり，それぞれ長所と短所がある。PowerPoint による色の設定では，それらのうち RGB 方式と HSL 方式が使える。これらはつぎのようにそれぞれ三つの略字から成り，三つの数値を調整して色を作る。

RGB

- **R**　…　**Red，赤**
- **G**　…　**Green，緑**
- **B**　…　**Blue，青**

HSL

- **H … Hue，色相（色の種類）**
- **S … Saturation，彩度（鮮やかかモノトーンか）**
- **L … Lightness/Luminance，輝度（明るさ）**

図12.10 はRGB方式による色空間を表したものである。RGBの三つの成分である赤緑青は光の三原色とも呼ばれ，それらの合成によってさまざまな光となる。例えば，赤と緑を同じ比で合成すると黄色となり，赤を強めると橙色になる。また，赤青緑をすべて最大値（255）で合成すると白となり，すべて最小値（0）で合成すると黒となる。

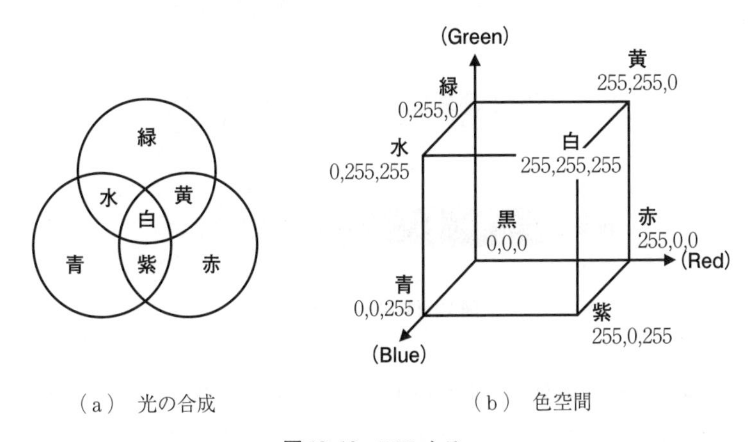

（a） 光の合成　　（b） 色空間

図12.10 RGBカラー

RGBはコンピュータにおける色を表す基本方式であり，グラフィックスや画像ファイルなどの色情報はRGBカラーで表現されているものが多く，テレビの液晶パネルやPCのディスプレイなどもRGBカラーの合成を利用しているものが多い。また，ホームページを作成するための言語である **HTML** (HyperText Markup Language）などでも，色を「#FF7F00」というようにRGBカラーで指定している。この例であれば，R=FF(255)，G=7F(127)，B=00(0）であり，橙色(255,127,0）となる。

スライド上の要素に対してRGBの成分を調整して色指定する場合，色相は

RGBの比で調整し，明るさの調整は各数値（0～255）を全体的に大きくすれば明るくなり，小さくすれば暗くなる。

図12.11はHSLカラーによる色指定方法を表したものである。この方法では色相，彩度，輝度の要素で色を調整することができる。例えば橙色を明るくしたり暗くしたり調整する際，RGBでは三つの数値を変更するが，HSLでは輝度のみの変更で調整できる。また，鮮やかすぎる色の彩度を下げたりするなど，スライド作成における色調整に都合がよい場合がある。

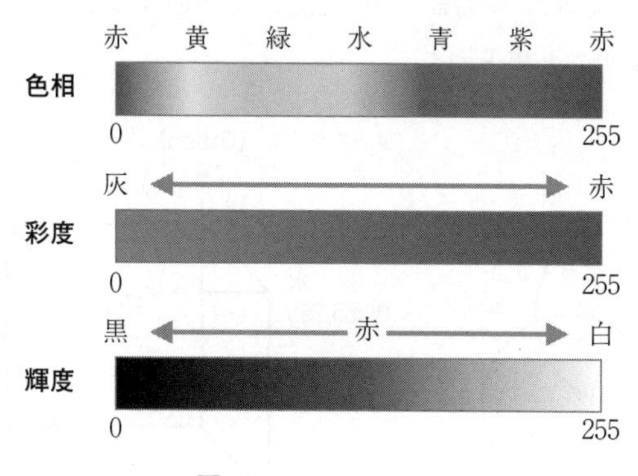

図12.11　HSLカラー

図12.12はテキストの文字色をRGBカラーで調整する例である。「ホーム」→「フォント」→「フォントの色」→「その他の色」によって「色の設定」ウィンドウが表示される。テキスト以外の図形の線や塗りつぶしなどでもこれと同様のウィンドウが表示され，統一されたユーザーインタフェースによって色の調整ができる。

「色の設定」ウィンドウでは，**図12.13**のように「カラーモデル」を「RGB」と「HSL」から選択できる。

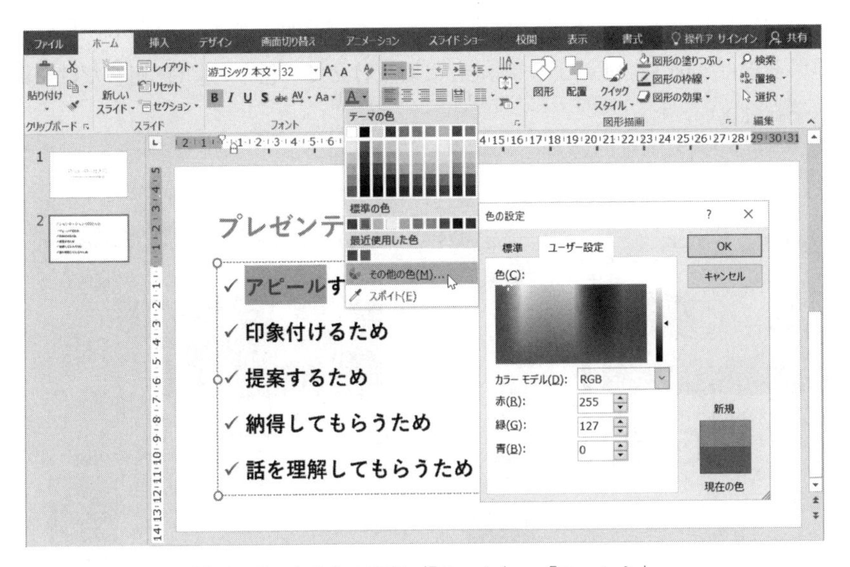

図 12.12　文字色の調整（「ホーム」→「フォント」→「フォントの色」→「その他の色」）

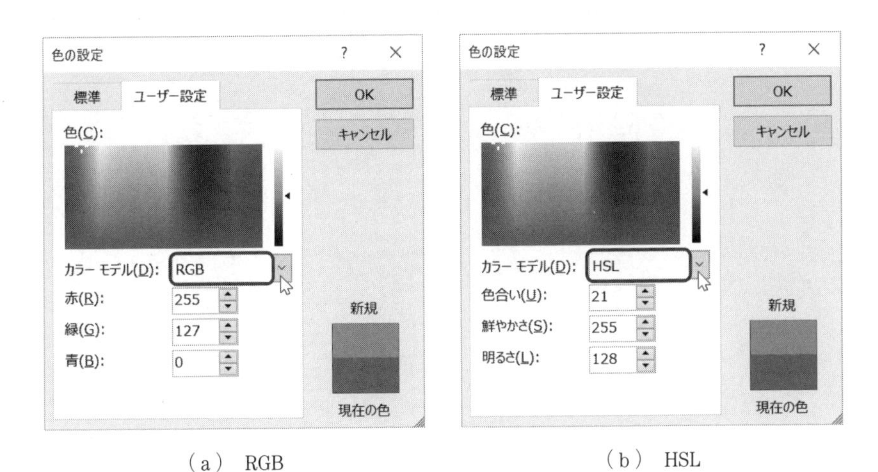

（a） RGB　　（b） HSL

図 12.13　RGB と HSL の切り替え

色の作成例として，RGB で橙色を作ってそれを同じ明るさの青系の色にしたいときは，**図 12.14** のように HSL に切り替えて「色合い」（色相）だけを調整すればよい。

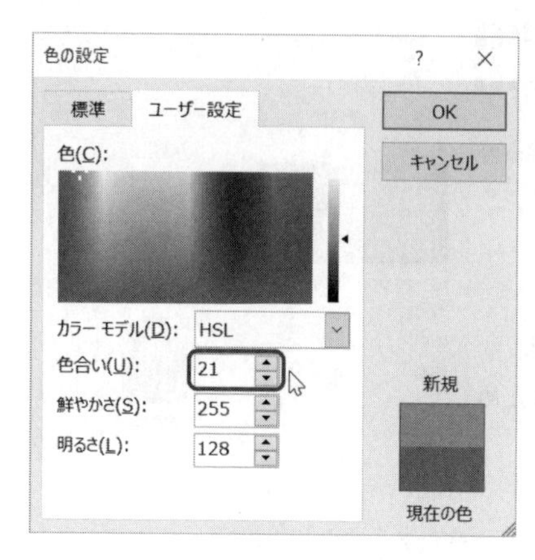

（a） 橙 系

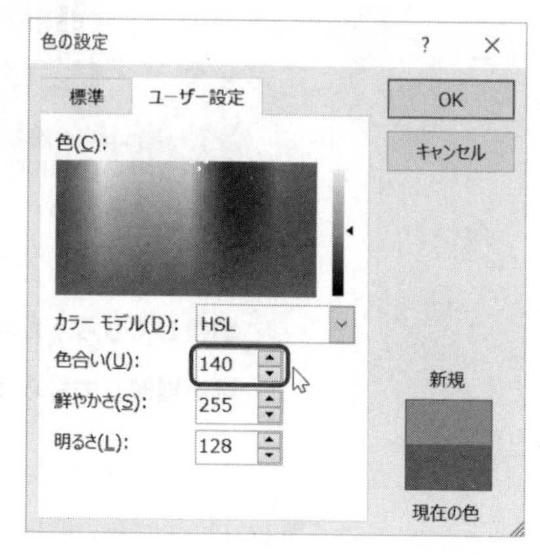

（b） 青 系

図 12.14 HSL における色相の調整

13 PowerPoint ― 図表の活用 ―

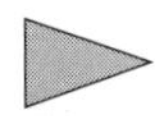

13.1 図 表 の 作 成

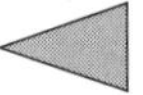

13.1.1 表 の 作 成

表を作成するには，**図 13.1** のように「挿入」→「表」→「表」をクリックし，マウスドラッグで行数と列数を視覚的に指定する。また，このとき表示されるメニューの「表の挿入」で列数と行数を数値入力して挿入することもできる。

PowerPoint の表は，標準デザインとしてタイトル行の色，縞模様，白抜きの文字や罫線などが設定されているが，「表ツール」→「デザイン」によって

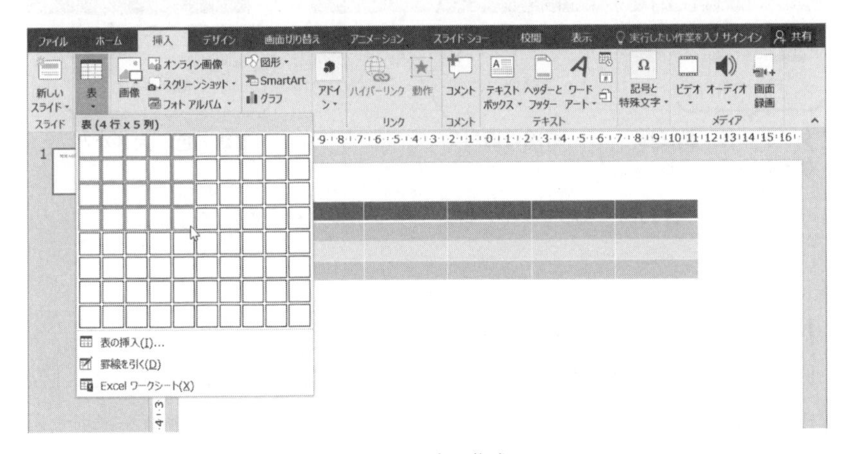

図 13.1 表の作成

自由に変更できる。

図 13.2 は，作成した表に対して各セルに文字や数値を文字入力し，フォントのサイズなどを調整したものである。表部分のデザインについては，**図 13.3** のように「表ツール」→「デザイン」において，罫線は「表のスタイル」→「罫線」→「格子」を適用し，縞模様は「表スタイルのオプション」→「縞模様（行）」のチェックを外して解除している。

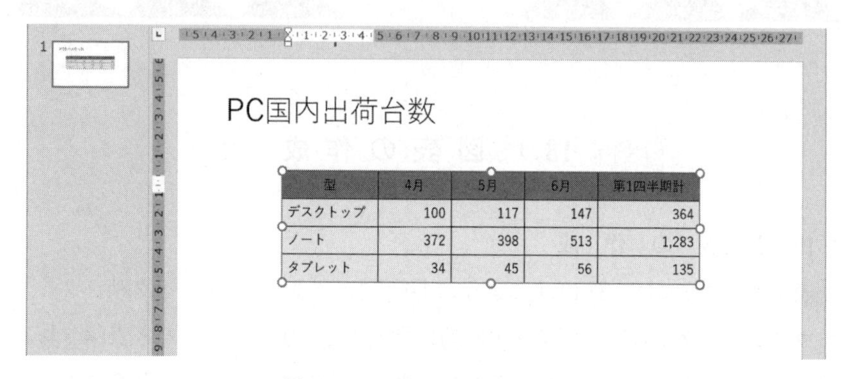

図 13.2　デザインを調整した表

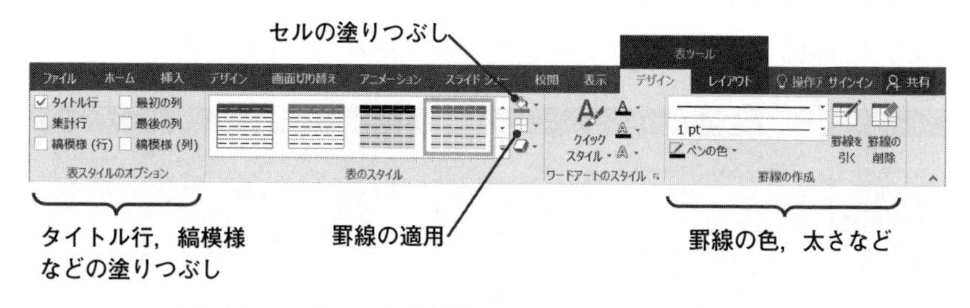

図 13.3　表のデザイン調整（「表ツール」→「デザイン」）

13.1.2　図　の　作　成

図は基本的な図形の利用や組み合わせによって作成することができる。図の作成は，**図 13.4** のように「挿入」→「図」→「図形」によって種類を選択する。

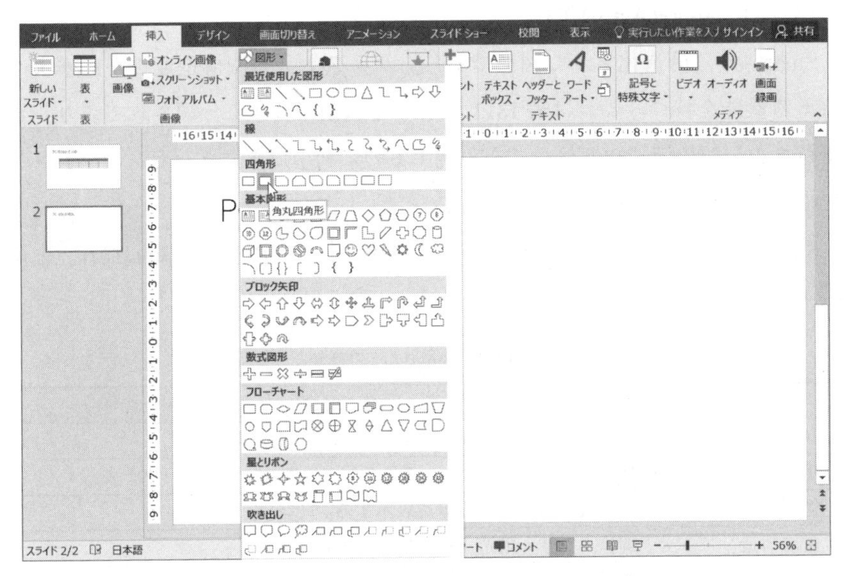

図 13.4　図形の挿入（「挿入」→「図」→「図形」）

図 13.5 はコンピュータの基本構成図を作成している例である。この例では角丸四角形および矢印の図形を使い，テキスト追加，塗りつぶし，線の太さなどを調整しながら図を作成している。

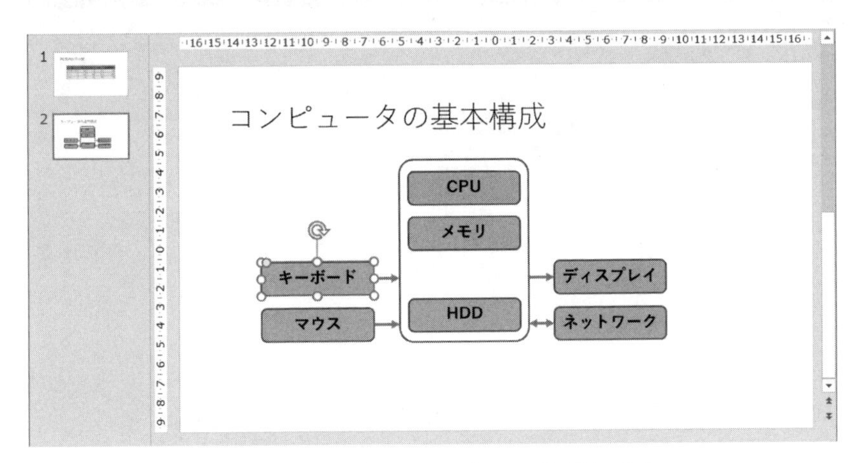

図 13.5　図形を使ったコンピュータ構成図の作成

13.1.3　SmartArt の作成

SmartArt は構造化された図形であり，テキスト入力や構造変更が効率よく行える機能を持つ。これは**表 13.1** のような種類に大きく分類されており，さまざまな情報の構造や関係などを表現するのに利用でき，プレゼンテーションでの図を活用した表現に効果的である。

SmartArt の挿入は，**図 13.6** のように「挿入」→「図」→「SmartArt」を選択する。

表 13.1　SmartArt の種類

種類	目的・用途
リスト	連続性のない情報やグループ分けされた情報を表示する。
手順	連続性のある順序情報，プロセスやワークフローのステップを表示する。
循環	循環・継続する一連の段階を表示する。
階層構造	上下関係，ツリー構造，組織構造を表示する。
集合関係	関係を図解する。
マトリックス	全体を構成する四つの要素の関係を表示する。
ピラミッド	最上部または最下部に最大の要素がある比例関係，相互関係を示す。

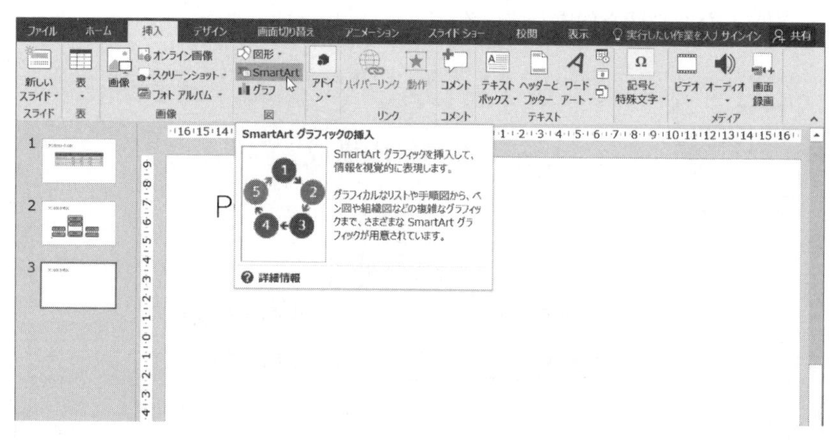

図 13.6　SmartArt の挿入（「挿入」→「図」→「SmartArt」）

つぎに，**図 13.7** のように「SmartArt グラフィックの選択」ウィンドウで種類を選択する。ウィンドウの左側に種類の大分類が表示され，それをクリックして右側で種類を選ぶ。この例では「階層構造」→「横方向階層」を選択している。

スライドに挿入された SmartArt は，**図 13.8** のように左側に文字入力用の編集画面が表示され，ここで連続的に各要素のテキストが入力でき効率がよい。

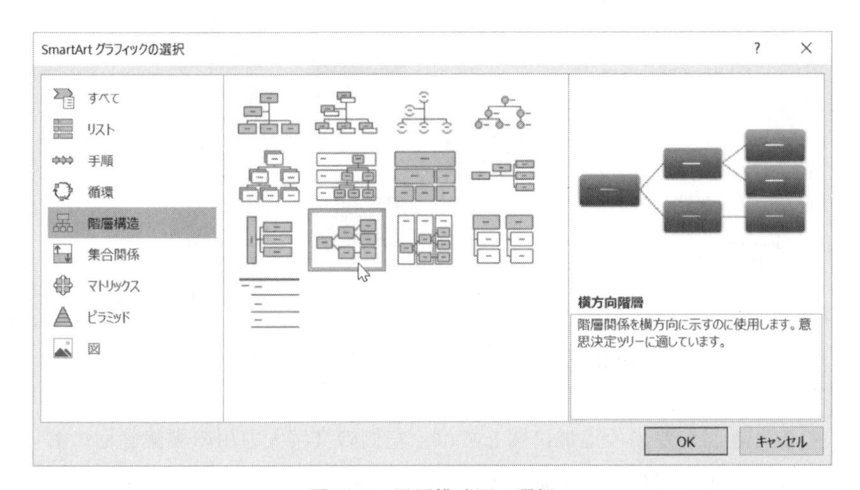

図 13.7　階層構造図の選択

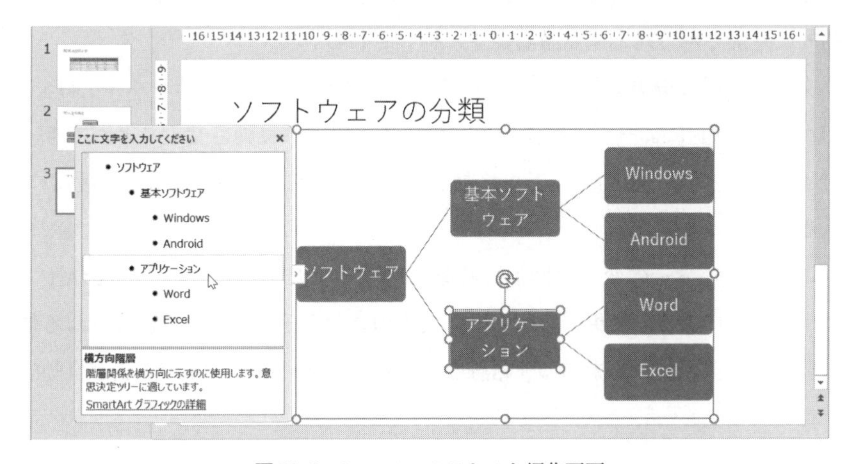

図 13.8　SmartArt のテキスト編集画面

SmartArt では個々の図形を追加挿入する際，文字入力のみで行うことができる。**図 13.9** はソフトウェアの分類を階層構造で表した例であり，「アプリケーション」の最後に「PowerPoint」の図形要素を追加したところである。

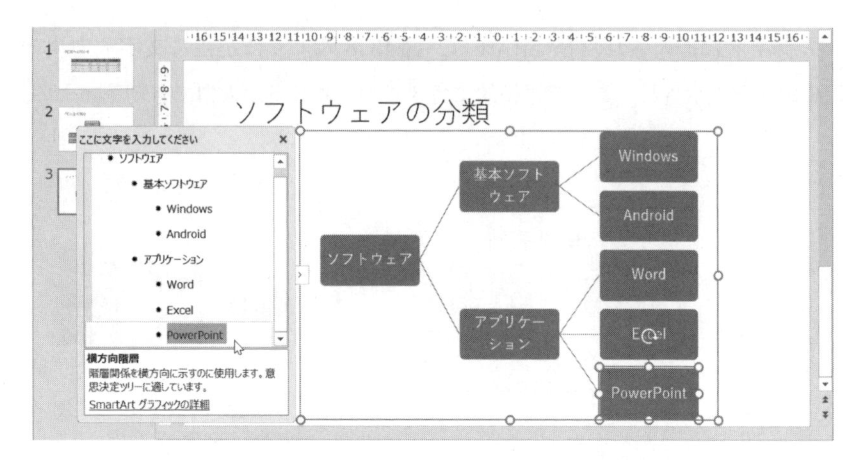

図 13.9　文字入力による図形要素の自動追加

このとき図形要素の追加に関しては，左側の文字入力用の編集画面において，文書編集の要領で行を挿入して「PowerPoint」という文字を入力する。すると，右側の階層構造図の対応する位置に「PowerPoint」の図形要素が自動的に追加されて対応する階層位置に挿入される。

文字入力用の編集画面では，右クリックによるメニューの「レベル上げ」，「レベル下げ」によって階層構造の上層部や下層部へ移動させることができ，「1 つ上のレベルへ移動」，「下へ移動」によって同じ階層内での位置移動ができる。

このような構造の変更は図形の移動で行うと手間がかかるが，SmartArt では文字編集によって変更すれば，図形要素の移動やそれによって影響される他の要素の位置調整，要素間の連結線などの再結合といった一連の調整が自動的に行われる。

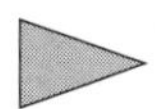

13.2 他のソフトからの貼り付け

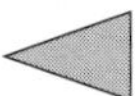

13.2.1 Excel からの表・グラフの貼り付け

表やグラフの作成では，特に計算処理を伴う場合は Excel による作業が適している。まず Excel で表やグラフを作成しておき，それらを PowerPoint にコピーしてプレゼンテーション用に適したサイズ設定や書式設定をすれば作業能率がよい。また，もともと Excel 形式のデータがあり，それをプレゼンテーション資料として再利用するようなケースもある。

以下は，Excel から PowerPoint へ表やグラフをコピーする例である。表データの場合は，まず**図 13.10** のように Excel 上でコピーしたいセル範囲をコピーして，つぎに**図 13.11** のように PowerPoint 上で「ホーム」→「クリップボード」→「貼り付け」や Ctrl+V キーを使って貼り付ける。

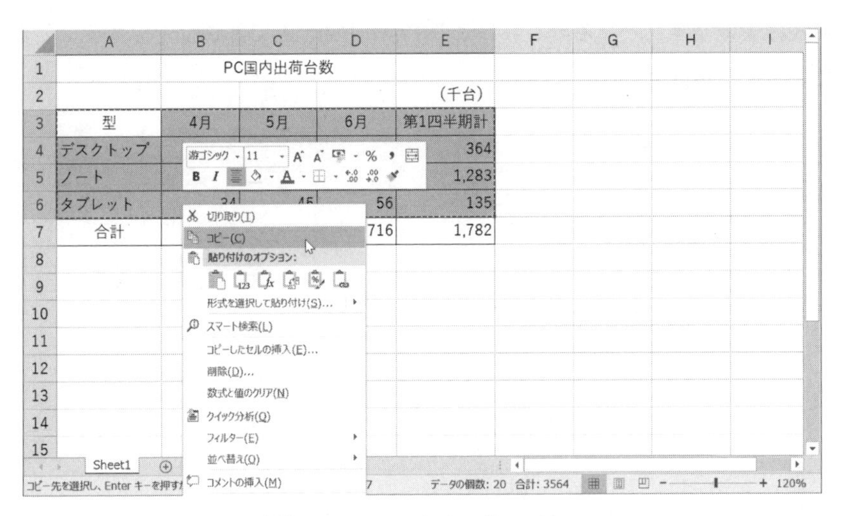

図 13.10　Excel 上での表のコピー

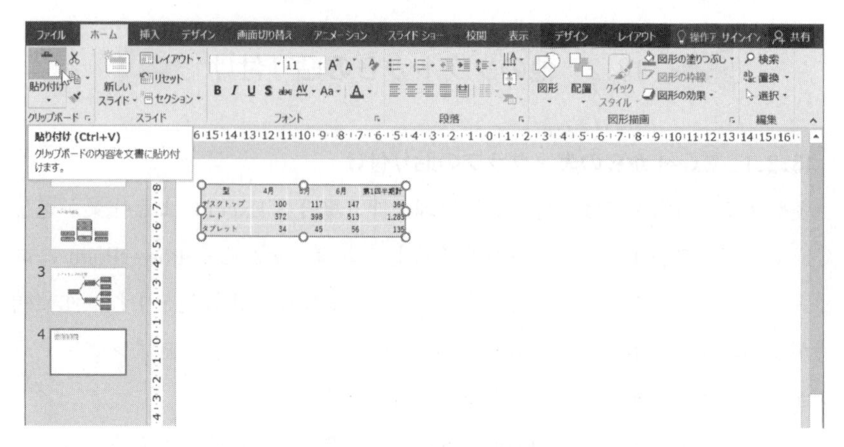

図 13.11　PowerPoint 上での表の貼り付け

グラフの場合は，**図 13.12** のように Excel 上でグラフをコピーし，**図 13.13** のように表と同様に PowerPoint 上で貼り付ける。

通常 Excel 形式の表やグラフを PowerPoint へコピーした場合，PowerPoint 形式の表やグラフとなる。これにより PowerPoint 上で書式設定やグラフ要素の設定などが自由に行える。

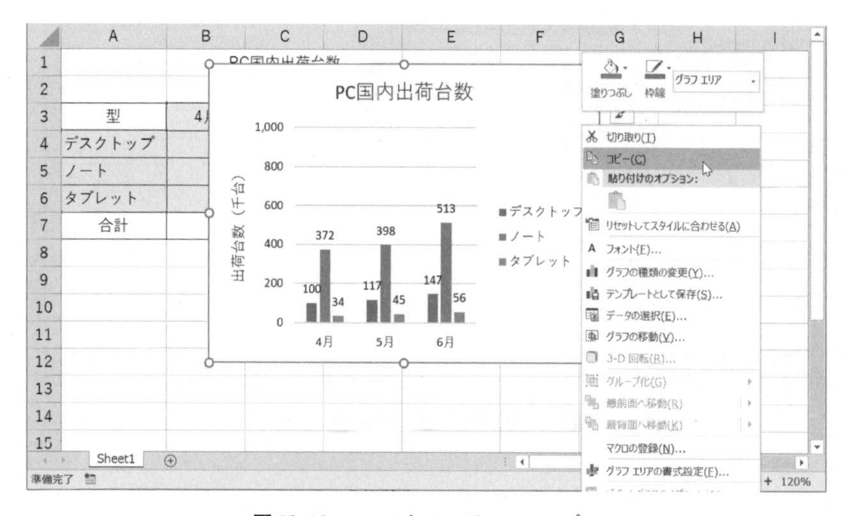

図 13.12　Excel 上でのグラフのコピー

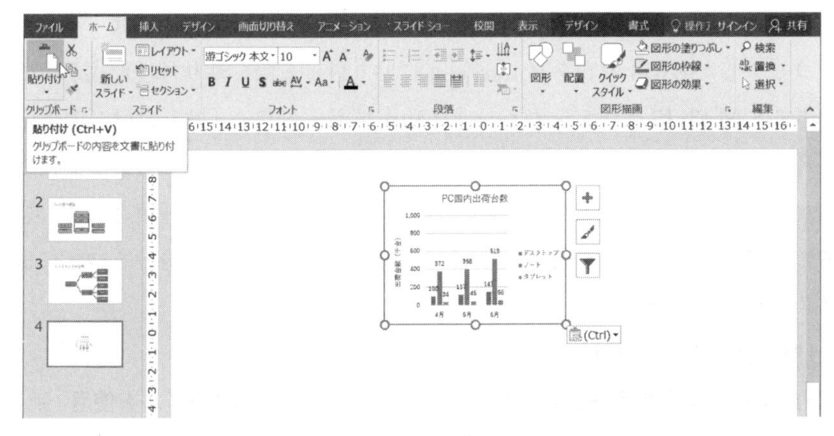

図 13.13　PowerPoint 上でのグラフの貼り付け

図 13.14 は Excel からコピーしたグラフを PowerPoint で修正している例であり，グラフ右上に表示される「グラフ要素」ボタンによって各種グラフ要素の表示 / 非表示などが設定できる。

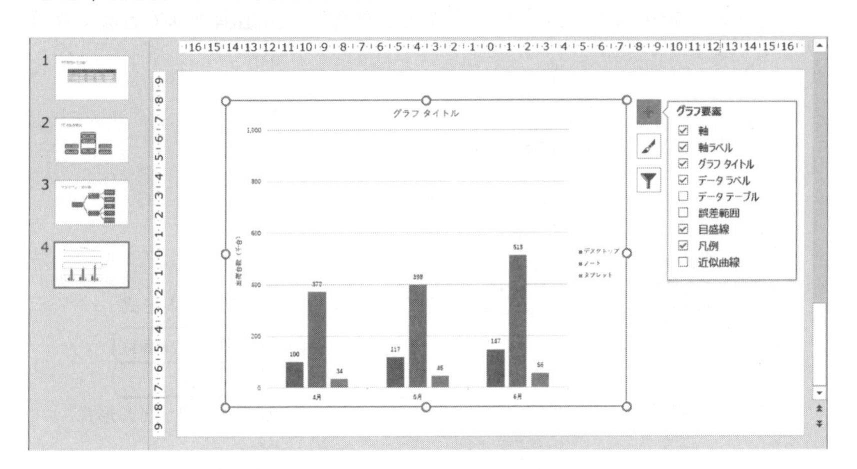

図 13.14　PowerPoint に貼り付けたグラフの修正

13.2.2　PowerPoint形式・埋め込み形式・図形式・テキスト形式

コピーしたExcelの表をPowerPointに貼り付ける際，貼り付け形式が変更できる。**図13.15**は「ホーム」→「クリップボード」→「貼り付け」の下の矢印ボタンをクリックした状態である。5種類のアイコンから種類が選択でき，また「形式を選択して貼り付け」によってさらに詳細な種類選択もできる。それらの補足説明を**表13.2**に示す。また，大まかな使い分けをつぎにまとめる。

［貼り付けの使い分け］

- **Excelの書式を反映させたくない　→　貼り付け先のスタイルを使用**
- **Excelの書式を反映させる　→　元の書式を保持**
- **Excelの数式情報を維持したい　→　埋め込み**
- **文字だけ貼り付けたい　→　テキストのみ保持**
- **Excel上での見た目を忠実に再現　→　図**

※　なお，図を選択した場合は書式設定や文字・数値編集はできなくなる。

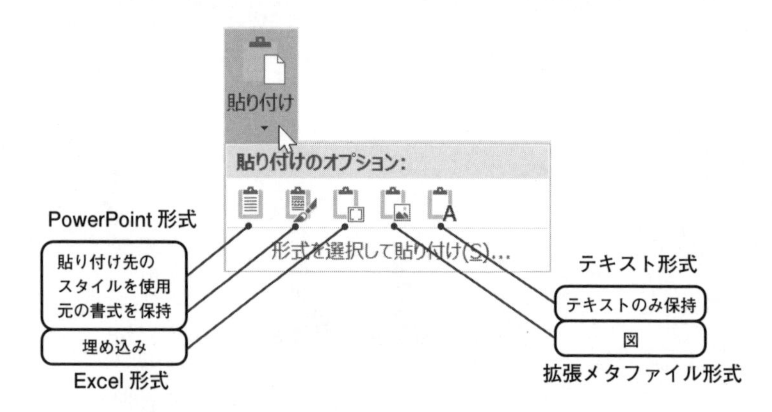

図13.15　Excelの表をコピーする際の貼り付け種類

表 13.2　Excel 表の貼り付け形式

	貼り付けの種類	形式	備考
貼り付けオプションのアイコン	貼り付け先のスタイルを使用	PowerPoint 形式	PowerPoint の標準書式に変更される
	元の書式を保持	PowerPoint 形式	Excel 側の書式が反映される
	埋め込み	Excel 形式	ダブルクリックで Excel が起動する
	テキストのみ保持	テキスト形式	文字のみ
	図	ベクタグラフィックス	図（拡張メタファイル）と同じ
形式を選択して貼り付けによる種類	Microsoft Excel ワークシートオブジェクト	Excel 形式	埋め込みと同じ
	HTML 形式	HTML 形式	ホームページと同じデータ表現
	書式なしテキスト	テキスト形式	文字のみ
	図（拡張メタファイル）	ベクタグラフィックス	図形（座標）データ
	図（Windows メタファイル）	ベクタグラフィックス	旧式のメタファイル
	ビットマップ	ラスタグラフィックス	ドットで構成された単純な画像データ
	デバイスに依存しないビットマップ	ラスタグラフィックス	カラーパレット情報などを含んだビットマップ

図 13.16 は，Excel 表を PowerPoint へ貼り付ける際，「ホーム」→「クリップボード」→「貼り付け」→「貼り付けオプション」の 5 種類のアイコンによって貼り付けた例である。

「貼り付け先のスタイルを使用」と「元の書式を保持」は書式が異なっている。また，「埋め込み」はダブルクリックすると表部分だけ Excel 画面に切り替わり，あらゆる Excel の機能が使用できる。「図」は書式や文字の再編集ができない。「テキストのみ保持」は表の機能や書式は存在せず，テキストボックスとして貼り付けられる。

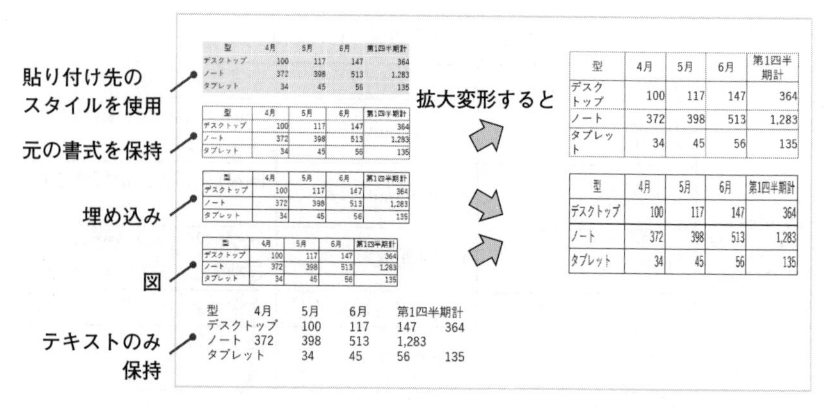

型	4月	5月	6月	第1四半期計
デスクトップ	100	117	147	364
ノート	372	398	513	1,283
タブレット	34	45	56	135

図 13.16 Excel から PowerPoint へいろいろな形式で貼り付けた状態

「図」は，Excel 側で書式やバランスの完成度を高めた表を PowerPoint にそのまま使用したいときに役立つ。「図」は拡大縮小すると，全体サイズ，罫線，セル内の余白，フォントサイズがすべて同じ比率で拡大され，Excel での見た目を忠実に再現できる。ただし，縦長に変形すると画像と同様にすべて縦に伸びるので，文字が縦長になって見づらい。拡大縮小時は，アスペクト比（縦横比）に注意が必要である。

13.3 図 と 画 像

13.3.1 メタファイルとビットマップの違い

ここで拡張メタファイルとビットマップの 2 種類の図（画像）形式についてまとめておく。Windows メタファイルは古い形式なので説明は省く。また，デバイスに依存しないビットマップはただのビットマップと利用上変わらないので，ここでは合わせてビットマップとして扱う。

拡張メタファイルはベクタグラフィック形式であり，おもに図形の座標情報や曲線情報で構成される。ビットマップはラスタグラフィックス形式であり，画素（ドット）の集まりで構成される。**表 13.3** に両者の比較をまとめる。

表 13.3　拡張メタファイルとビットマップ

	拡張メタファイル	ビットマップ
形式	ベクタグラフィック	ラスタグラフィックス
データ表現	座標などの数値データ	ドットの集まりによる画像
拡大縮小時の劣化	劣化がなく，拡大してもきれい。	劣化し，ギザギザになるかぼやける。
サイズ	図形の頂点数に依存し，拡大しても変化なし。	縦横の大きさに依存し，拡大するとサイズが非常に大きくなる。
用途	幾何学的な図形，ロゴ，設計図など	デジタルカメラの写真，イメージデータなど

また，**図 13.17** は図をコピーして拡張メタファイル（図（a））とビットマップ（図（b））で貼り付けた後，拡大したものである。拡張メタファイルは拡大しても図形の輪郭やフォントは劣化せず滑らかであるが，ビットマップはぼやけている。

（a） 拡張メタファイル　　（b） ビットマップ

図 13.17　拡大した図

これは，ビットマップを拡大すると画像を構成するドットが大きな四角形になっていき輪郭がギザギザになる。通常は周囲のドットと平均化してギザギザを抑えるが，結果的にぼやけてしまう。写真などのビットマップはぼやけても目立たずよい品質が保てるが，図形は影響が顕著に出てしまう。

13.3.2　画像の著作権とクリエイティブ・コモンズ

図を作成する場合，図形や線だけではイメージを表現しにくいことがあり，そのためにリアリティやクオリティの高いデザイン素材を利用したい場合がある。また，イラストや写真などの画像素材も自分ではすぐに用意できないものである。そこでそれらの素材をインターネット上で探して利用する方法を見てみよう。

インターネット上から画像を検索して使うために，**図 13.18** のように「挿入」→「画像」→「オンライン画像」をクリックして「画像の挿入」ウィンドウを表示させる。それによって，検索エンジン Bing のイメージ検索機能を使った画像のキーワード検索ができる。この例ではキーワードに「computer」を指定してインターネットから検索している。

図 13.18　オンライン画像の検索（「挿入」→「画像」→「オンライン画像」）

図 13.19 オンライン画像の検索結果

オンライン画像の検索を実行すると，**図 13.19** のように結果がリストアップされる。この画面には**クリエイティブ・コモンズ**（Creative Commons）によってライセンスされている画像であるという情報が表示されいるが，その意味は著作物を他人が利用できるようにする目的で，その意思表示と条件付けを表しているというものである。つまり，一定の条件を守れば，著作者の承諾なしに画像をコピーしてプレゼンテーション資料などに貼り付けて他人に見せることができるのである。

この検索例では，結果リスト中の画像をクリックして選択状態にすると，ウィンドウ下部に選択画像の画像元 Web ページへのリンクが表示されている。クリエイティブ・コモンズによってどんなライセンスの条件が表示されているかは，リンク先の画像元ページを見て確認する。

図 13.20 は，このリンクをクリックして表示された画像元ページ例である。この例では，ライセンス欄に画像が自由に利用できるという意味の「CC0」が表示されている。

CC0（Creative Commons Zero：クリエイティブ・コモンズ・ゼロ）は以下のように説明されている。

CC0 1.0 全世界（CC0 1.0）　パブリック・ドメイン提供

著作権なし

ある作品に本コモンズ証を関連づけた者は，その作品について世界全地域において著作権法上認められる，その者が持つすべての権利（その作品に関する権利や隣接する権利を含む。）を，法令上認められる最大限の範囲で放棄して，パブリック・ドメインに提供しています。

この作品は，たとえ営利目的であっても，許可を得ずに複製，改変・翻案，配布，上演・演奏することが出来ます。

（出典）クリエイティブ・コモンズ：「CC0 1.0 Universal」より引用，https://creativecommons.org/publicdomain/zero/1.0/deed.ja 参照（2015.9.5）

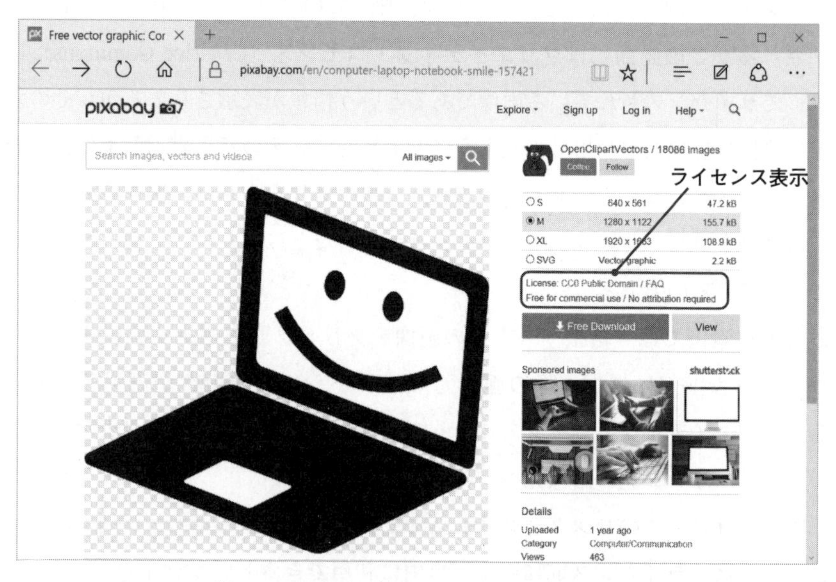

Pixabay，https://pixabay.com/en/computer-laptop-notebook-smile-157421/ 参照（2015.9.5）

図 13.20　画像元ページでのライセンス表示例（その 1）

図 13.21 はもう一つの検索結果の画像元ページ例である。この例ではライセンス欄に二つのアイコンマークが表示されており，それらは「表示」と「継承」という条件を表しており，この二つを守れば画像を利用することができるというものである。

ウィキメディア・コモンズ（Wikimedia Commons）：https://commons.wikimedia.org/wiki/File: LCD_monitor.png?uselang=ja 参照（2015.9.5）

図 13.21　画像元ページでのライセンス表示例（その 2）

簡単に説明すると，「表示」は著作者名，画像タイトル，ファイル名（リンク付き）などを著作者の指定方法で表示すべきという条件である。

また，「継承」は画像を改変する場合，元の作品と同じ組み合わせの CC ライセンス表示で公開（同じライセンスを継承）すべきという条件である。

このような条件（「表示」，「非営利」，「改変禁止」，「継承」）の組み合わせによる表示がクリエイティブ・コモンズ・ライセンスである。

なお，以上のようなクリエイティブ・コモンズ・ライセンスについては，つぎのWebサイトを参考にしている。また，おもなライセンス表示やアイコンについて**表 13.4** に要約しておく。

（参考）　**クリエイティブ・コモンズ・ジャパン**
http://creativecommons.jp/

（参考）　**クリエイティブ・コモンズ・ライセンスとは**
http://creativecommons.jp/licenses/

表 13.4　クリエイティブ・コモンズ・ライセンスのアイコン

表示		ライセンス	意味・条件
	BY	表示	著作者名，作品タイトル・名称，リンクなどを表示しなくてはならない。
	NC	非営利	営利目的で利用してはならない。
	ND	改変禁止	作品を改変してはならない。
	SA	継承	作品を改変して利用する場合，元の作品のライセンスを継承しなければならない。
	CC0，ZERO，Public Domain	著作権放棄	著作権などが放棄され，だれでも許可を得ずに営利・非営利に関係なく複製，改変，配布，上演できる（パブリック・ドメイン）。
	PDM，Public Domain	著作権なし	著作権で保護されておらず，誰でも許可を得ずに営利・非営利に関係なく複製，改変，配布，上演できる（パブリック・ドメイン）。

（参考）　クリエイティブ・コモンズ・ジャパン：http://creativecommons.jp/，アイコンは「データ資料」，http://creativecommons.jp/about/downloads/ より引用，参照（2015.9.5）

14 PowerPoint ― スライドの構成 ―

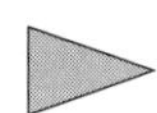 14.1 準備と構想 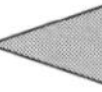

14.1.1 目的と対象者

プレゼンテーションはどんな場面でだれに対して実施するのか，例としておもな目的と対象を**表 14.1** に挙げる。目的にふさわしい内容や表現，また対象者に合った話のしかたや専門性などを意識しておくことが重要である。

表 14.1 プレゼンテーションの目的と対象の例

目　的	対　象
商品やサービスの販売促進（商品販売，宣伝）	顧客，取引先企業，事業担当者
企画の提案（資金獲得，採用・採択）	企業，社員，採用担当者
研究発表（報告，伝達，討論，学術的活動）	教員，職員，学生，企業
活動報告（報告，伝達）	管理職，社員，教員，職員，学生
講演（話題提供，問題提起，知識・知見の提供）	一般人，企業，学校
講義・講習（教育，養成，研修，理解・知識力向上）	一般人，社員，学生
説明（方法提示，ノウハウ提供）	一般人，企業，学校
紹介（公開，披露，挨拶，宣伝）	一般人，企業

プレゼンテーションの最終的な目標は，ねらいとする結果どおりに相手（聞き手）が納得して実際に行動を実行することである。

ねらいとなる行動はさまざまであり，商品の購入，サービスへの加入，企画の採用，業務における行動，勉強における行動，物事への配慮や態度，あるいは知識や教養として身につけて活用することなどが挙げられる。

相手に影響を与えて最終的な目標を達成するのは難しい場合もある。相手の立場や状況によっても影響力が異なることもあり，他人を動かすことはそれほどやさしくはない。しかしながら目標やその達成努力は大切であり，自己のモチベーションしだいで発表やスライド制作の質にも影響する。

14.1.2　発表時間とスライド枚数

プレゼンテーションの発表時間は，つぎの例のようにあらかじめ決められていることが多い。他人が参加する以上，スケジュール設定は必須であり，開始終了時間を事前周知の上で開催するものである。よって，発表時間が超過したり準備やトラブルでなかなか始まらなかったりすると他者に迷惑を与えることになるので，そういった事態を避けなければならない。

［発表時間の例］

- **講演　（講演者紹介）→　発表 60 分**
- **企画提案　（実施の挨拶）→　発表 30 分　→　質疑応答 15 分**
- **研究発表　（発表者紹介）→　発表 20 分　→　質疑応答 10 分**

スライドを作成する際，発表時間に合わせてスライドの枚数，内容量，説明のしかたを調整する。しかし，話の内容が定まっていない状態ではスライド量の見当がなかなかつかない。そのような場合，スライド 1 枚当りの時間を決めて計算するとよい。発表時間に対して 1 枚当り平均どれくらいの時間をかけて説明するかによって，以下のように全体枚数が得られる。それに対しておおよそ沿って発表の組み立てやスライド作成を計画的に進めることができる。また，後方に時間調整用のスライドを入れておき，残り時間に応じてそれらを十分に説明するか簡単に説明するかで調整することもできる。

スライド枚数　＝　発表時間　÷　1 枚当りの平均時間

（例 1）　15 分　÷　1 分　＝　15 枚

（例 2）　12 分（720 秒）　÷　40 秒　＝　18 枚

（例 3）　18 分（1 080 秒）　÷　1 分 20 秒（80 秒）　＝　13 ～ 14 枚

14.1.3 内容構成と起承転結

発表（話）の流れを構成する際によく用いられるものが話の「起承転結」である。**表 14.2** は，一般的な話の起承転結とそれをプレゼンテーションに導入した際の役割を表したものである。

表 14.2 起承転結

	話の役割	プレゼンテーション
起	導入，聞く準備を整える	テーマや発表順序の紹介，結論を先にいう
承	知識の説明，「転」のための準備と展開	背景，問題点，予備知識，理論，事実
転	興味深い内容，話の山場	解決策，提案，手法，結果，評価，考察
結	結末，締めくくり	結論，再度まとめる，方向性を与える，促進

また，**表 14.3** は，起承転結に対応させたスライド構成として，「PowerPoint 入門」という発表テーマの構成例である。「起」と「結」はテーマにかかわらずどのような役割のスライドにするかイメージしやすいが，話の本体となる「承」と「転」の構成は難しい場合もある。そのために，話の項目をじっくり練り直しながら流れを構成していく。このような内容構成作業はプレゼンテーションにおいて検討を要し，後続作業に影響を与える重要な過程である。

表 14.3 起承転結に合わせたスライド構成例

テーマ	例： PowerPoint 入門 （プレゼンテーションの準備と制作）
起	• 発表の流れ（発表項目の順序紹介，目次内容を見せる） • はじめに（発表概要，発表の目的やポイントとなることをあらかじめ説明）
承	• プレゼンテーションの目的（プレゼンテーションの知識説明） • よいプレゼンテーション（理想的な目標を提示） • 悪いプレゼンテーション（課題や難しさを提示）
転	• PowerPoint の機能活用（話やスライド構造を効率よく作る方法） • PowerPoint の表現（情報量，デザイン，データ表現に気を配る） • 準備とリハーサル（情報収集，内容構成，機器の準備，時間計測，内容の再調整）
結	• まとめ（発表内容のおさらい，ポイント整理，未解決の課題，つぎにつなげる行動）

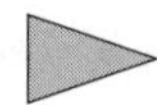

14.2　アウトライン構成のポイント

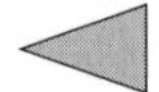

14.2.1　項 目 と 順 序

アウトラインとは話の概要（輪郭）のことであり，文章内容や表現を具体的に作成する前に決めておく。アウトラインは項目名だけで大まかな内容と流れを表すものであり，本の「目次」に似たような文字情報と考えてよい。

スライド作成において，最初からスライドのディテール（詳細）を作っていくと，話の流れに変更や削除が生ずると作り直しによって作業効率が悪い。また，全体的な流れや起承転結との対応が最初に見えてこない。例えるなら設計図なしにビルを建て始めるようなものである。

アウトラインは明確に文字で表した形で最初に作成したほうがよい。**図 14.1** は「PowerPoint 入門」をテーマとしたアウトラインの作成例である。この例はまだ大雑把な基礎バージョンであり，内容も 6 項目と少ないがここから検討しながら項目を増やしていく。

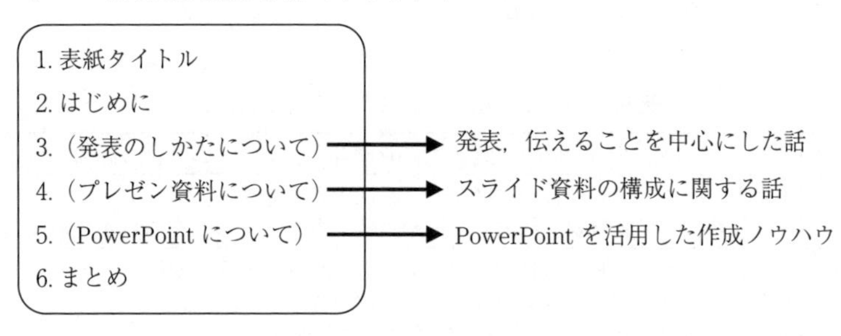

図 14.1　アウトラインの作成例（基礎バージョン）

定型的な項目として「表紙タイトル」，「はじめに」，「まとめ」に相当するものを最初と最後に入れるのが普通であり，それ以外はテーマ固有の項目となる。検討の初期段階では全項目がまだはっきりと確定しないものなので，これらに対し起承転結を意識して組み立てていく。

アウトラインの順序は話の流れや前提などがかかわるものであり，なるべく早いうちに決定させたい。しかしながら，スライド作成していく中で順序変更はよくある。スライド完成後に順序変更する際は，それによって文言や表現の修正を伴うことがあるので確認しながら行う。

順序の検討では起承転結の流れとともに，例えば以下のような順序立てに沿って行うことが基本的である。

↓ **目的**
↓ **背景・問題**
↓ **知識・理論**
↓ **自分の取り組み**
↓ **方法・詳細**
↓ **結果・効果**
↓ **結論**

また，発表の早い段階で「結論」を先にいっておくことも多い。その際，「○○のためには…」というような帰納的な話の展開が用いられることもある。

↓ **目的**
↓ **結論** … **（先に結論をいう）**
↓ **背景・問題**
↓ **知識・理論**
↓ **自分の取り組み**
↓ **方法・詳細**
↓ **結果・効果**
↓ **結論** … **（まとめとして再度結論）**

図 14.2 は項目の順序を検討して移動させた例である。この例ではテーマ「PowerPoint 入門」において，「発表」は最終段階の行動になるのでその流れに合わせて「プレゼンの資料とは」→「PowerPoint の使用」→「発表のしかた」というように変更している。

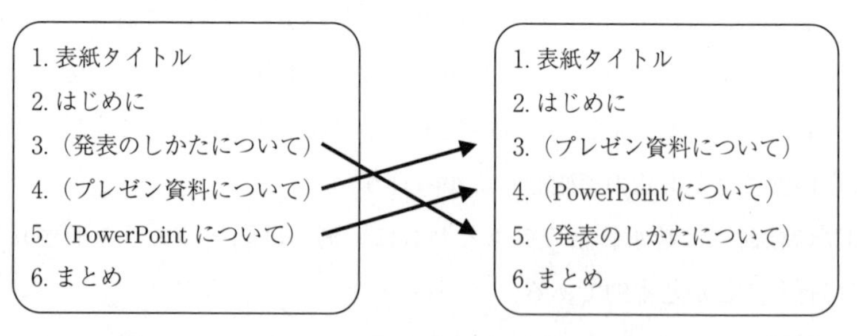

図 14.2　アウトライン項目の移動（順序仮決定バージョン）

このような順序決定はどれが正しいとは一概にいえない。話の内容によっても変わってくるだろうし，順序を変えても変えなくても違和感のない話の流れになることもある。そのような場合は自分で決定し，それに合わせて制作を進めていく。

14.2.2　細分化と分量配分

つぎにアウトラインの量を増やしていく。これは，話の流れを作る上で必要となる途中説明や，根拠として示すべきデータ，十分な表現などのためにスライドを増やしていく過程である。また，発表時間に対してまだ内容が不足している場合などもある。

図 14.3 は，各項目の内容がどのようなものになるのかを思い浮かべながら細分化した例である。これはアウトラインが大まかに完成した状態である。ここで，さらに順序と過不足を見直すことでアウトラインの完成度が高まる。

この細分化の例では，まず「はじめに」に「話の流れ」を追加してつぎのようにしている。これは聞き手に対し聞く準備をしてもらい，丁寧に話に導入するためである。

- **話の流れ**　…　**これから話す順序を紹介する。**
- **はじめに**　…　**何について，何のための話なのか説明する。**

つぎに「プレゼン資料について」を以下のように分割した。PowerPoint というソフト操作に偏らず，プレゼンテーションの重要事項を印象づけるためで

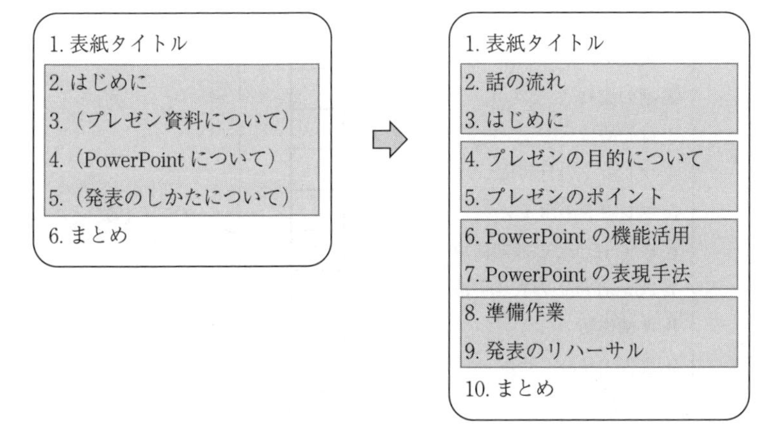

図 14.3　アウトライン項目を増やす（細分化バージョン）

ある。

- **プレゼンの目的について　…　プレゼンの目的や目標とは何か**
- **プレゼンのポイント　…　よいプレゼンと悪いプレゼン**

また,「PowerPoint について」の部分はつぎのように分割した。操作説明や機能説明を網羅する時間はないので, 関心が持てるような話題としていくつかを取り上げてみた。

- **PowerPoint の機能活用　…　アウトラインなど便利な機能**
- **PowerPoint の表現手法　…　図・表・グラフなどの挿入**

そして,「発表のしかたについて」には関連事項その他として「準備作業」を加えてつぎのように分割した。プレゼンテーションのほかの側面やノウハウの提供, 身近に感じられるようなリアリティを出すためである。

- **準備作業　…　情報収集や整理, 機器の確認, その他**
- **発表のリハーサル　…　発表練習, 言いまわしのチェック, 時間計測**

つぎに, **図 14.4** のように各項目で表現する内容を想像してスライド枚数を調整する。図・表・グラフなどは小さいと見づらいため, スライドを 1 枚使って大きく表したほうがよい。また, さらに項目細分化が必要と感じる部分に対し, とりあえずスライド数だけ割り当てておく。

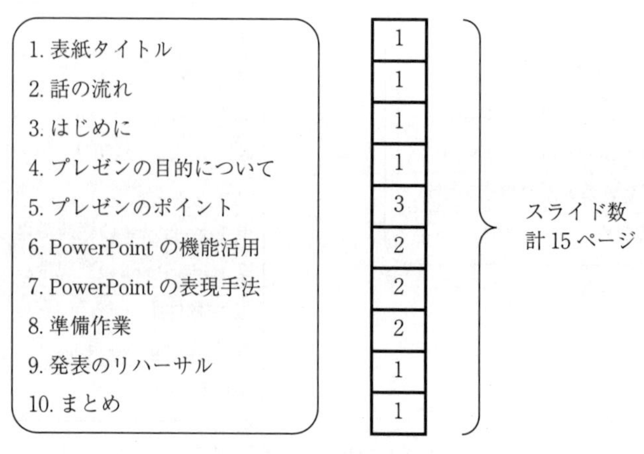

図 14.4　スライド数の見積り

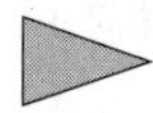

14.3　アウトライン機能の操作

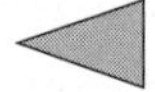

14.3.1　表示モードの変更

PowerPoint には表示方法がいくつかあり，「表示」→「プレゼンテーションの表示」から表示モードを選択する。**図 14.5** は「スライド一覧」モードに変更したところである。通常の表示モードに戻すには「標準」を選択すればよい。

他の表示モードとして，「ノート」モードはメモ書き用途であるノート領域を大きく表示して，ノート編集専用の状態となる。

「閲覧表示」モードはスライドの表示のみで編集はできない。おもにスライド表示を閲覧するためのスライドショーの機能である。

そして，「アウトライン表示」モードは，レベル操作の機能やスライドとの連動機能によって効率よくアウトライン作成ができるようにしたモードである。

大まかなアウトラインは紙と鉛筆で作成してもよいが，アウトラインを詳細に仕上げていく際は PowerPoint のアウトライン作成機能を活用するとよい。

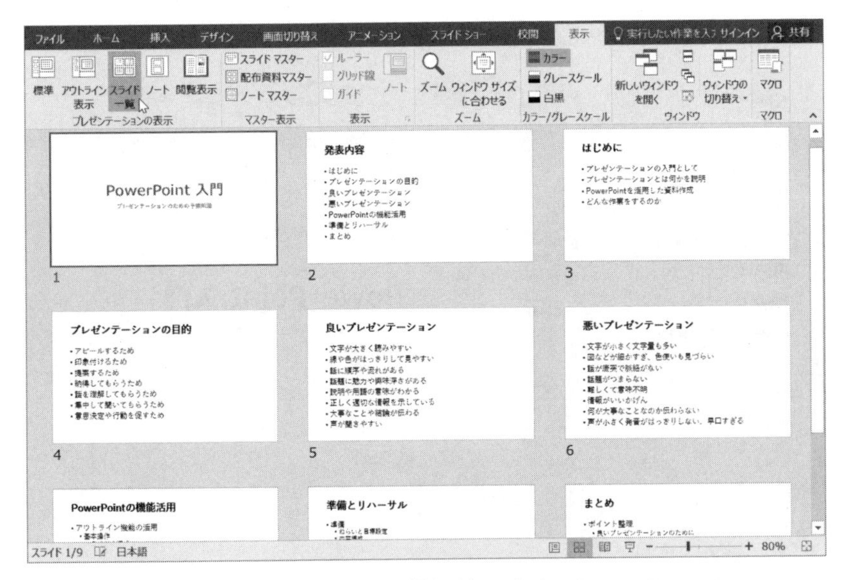

図 14.5　スライド一覧モード（「表示」→「プレゼンテーションの表示」→「スライド一覧」）

これは紙に比べて項目名の変更や移動が素早くできる。さらに，メリットとしてアウトライン作成とスライド作成が連動しているため作業効率がよい。

図 14.6 は「アウトライン表示」によってアウトライン作成モードにしたところであり，ちょうどサムネイルウィンドウがアウトラインウィンドウに切り替わった状態である。

図 14.7 のようにアウトラインウィンドウでは項目を直接文字編集でき，ここで Enter キーを押すと改行とともに新たなアウトライン項目が挿入される。そのとき項目に対応したスライドが自動的に追加され，**図 14.8** のように入力した項目名はスライドのタイトルに反映される。

このようにアウトラインとスライドが同期した状態で機能するので，片方を変更したから他方も合わせて修正するといった二度手間がない。

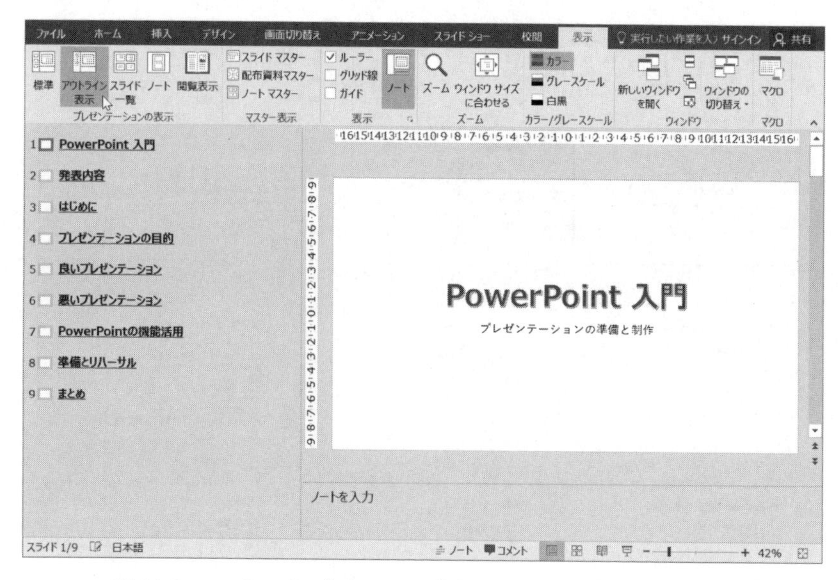

図 14.6　アウトライン作成モード（「表示」→「プレゼンテーションの表示」→「アウトライン表示」）

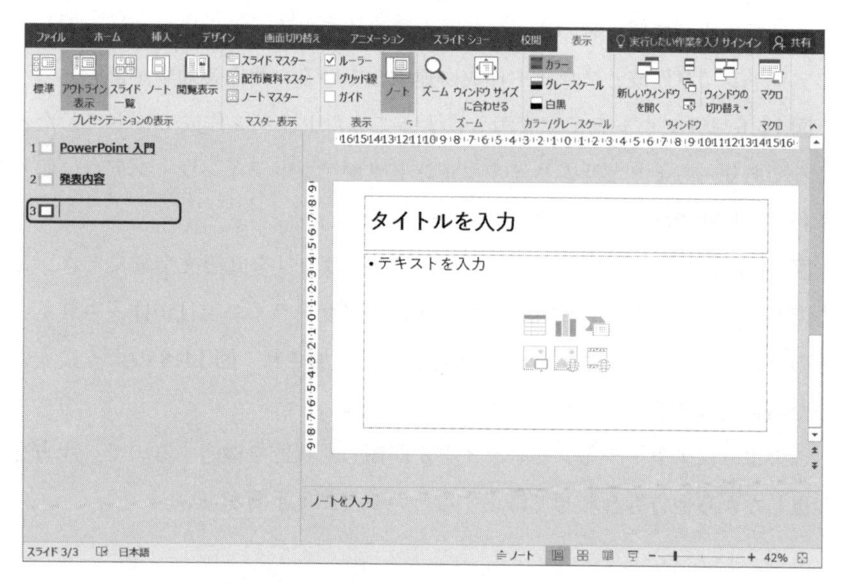

図 14.7　アウトラインウィンドウでの文字編集

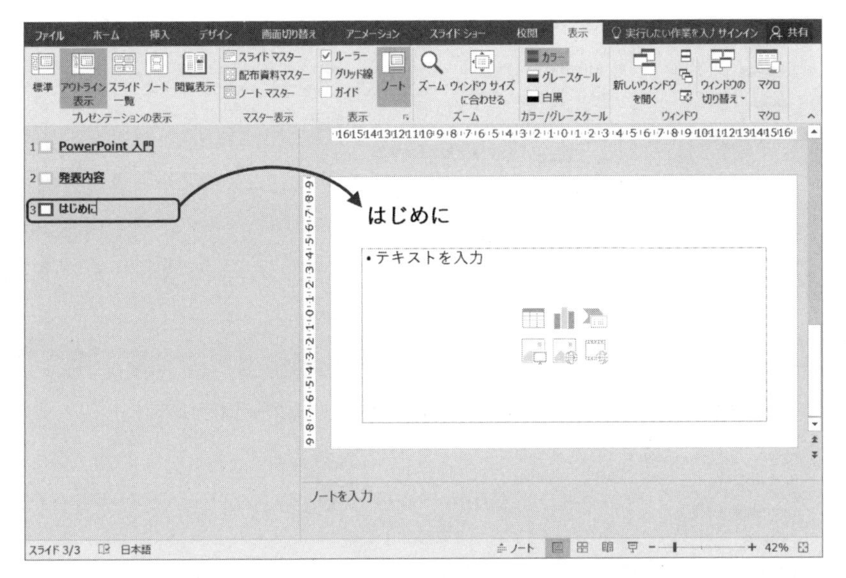

図 14.8　アウトライン項目がスライドのタイトルに反映される

14.3.2　レベルの上げ下げ

アウトラインは階層構造を持ち，階層の深さを**アウトラインレベル**と呼ぶ。最上位レベル = スライドレベルであり，項目がスライドのタイトルに対応する。下位レベルはスライド内容に対応する。

図 14.9 では項目「プレゼンテーションの入門として」が最上位レベルになっている。この項目を右クリックして「レベル下げ」を選択すると，**図 14.10** のように一つ前の「はじめに」の下位レベルに位置づけられる。

この場合，項目「プレゼンテーションの入門として」は，スライド「はじめに」の子要素としてテキストボックスの箇条書きスタイルで反映されている。下位レベルの項目に対してさらにレベルを下げると，テキストボックス内でアウトライン構造の箇条書きが構成されていく。

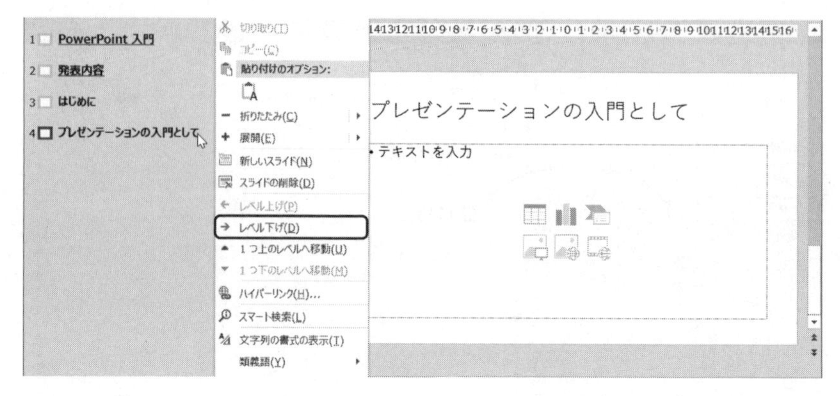

図 14.9　アウトラインレベルを下げる（右クリック→「レベル下げ」）

図 14.10　下位レベルになった状態

アウトラインレベルは，つぎのようにインデントの増減でも行うことができる。

- **レベルを上げる　⇔　「ホーム」→「段落」→「インデントを減らす」**
- **レベルを下げる　⇔　「ホーム」→「段落」→「インデントを増やす」**

図 14.11 はインデント操作を使ってアウトラインレベルを上げる例である。下位項目「PowerPoint の表現」を選択して「ホーム」→「段落」→「インデントを減らす」をクリックする。

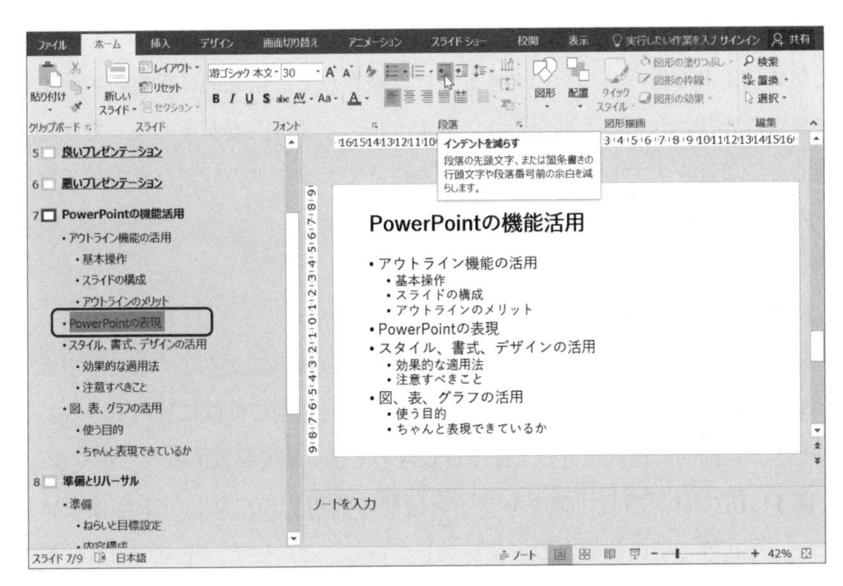

図 14.11 アウトラインレベルを上げる（「ホーム」→「段落」→「インデントを減らす」）

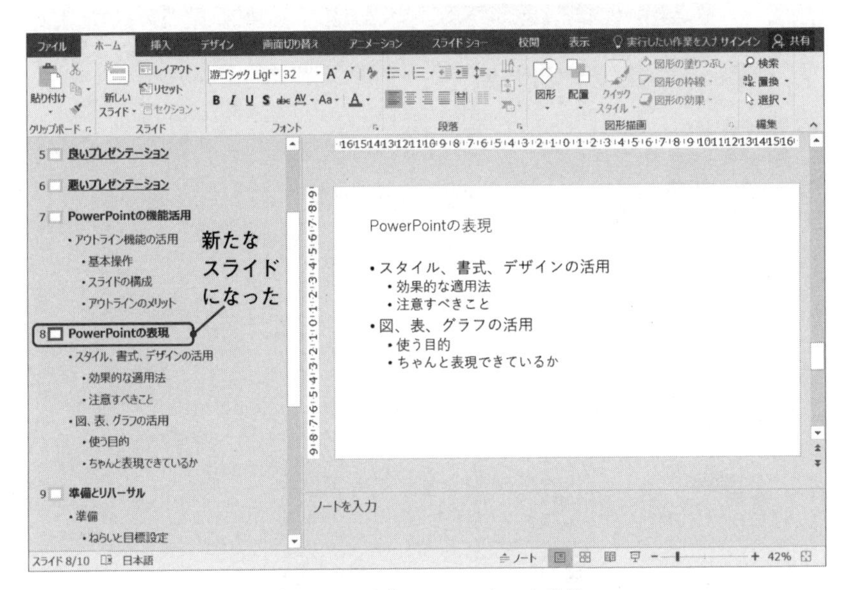

図 14.12 上位レベルになった状態

インデントを減らすとアウトラインレベルが上がり，**図 14.12** のように新たなスライドが作られ，そのタイトルに反映される。結果的に1枚のスライドが2枚に分割されたことになる。このようにスライド内容が多くなってきた場合でも，項目を入力してレベルを上げるだけでスライドの分割ができ，スライド間の内容移動といった煩雑な作業をしなくて済む。

14.3.3 項目の移動

各アウトライン項目の左側にマウスカーソルを持ってくると，太い十字カーソルに変化する。この状態でドラッグすれば項目を別の位置に移動できる。このとき，自動的に選択項目の下位項目も含めてまとめて移動することができる。

図 14.13 では，項目「アウトライン機能の活用」の左部分で十字カーソルになった状態で別の位置までドラッグしている。このとき，下位の項目「基本操作」,「スライドの構成」,「アウトラインのメリット」もまとめて移動される。

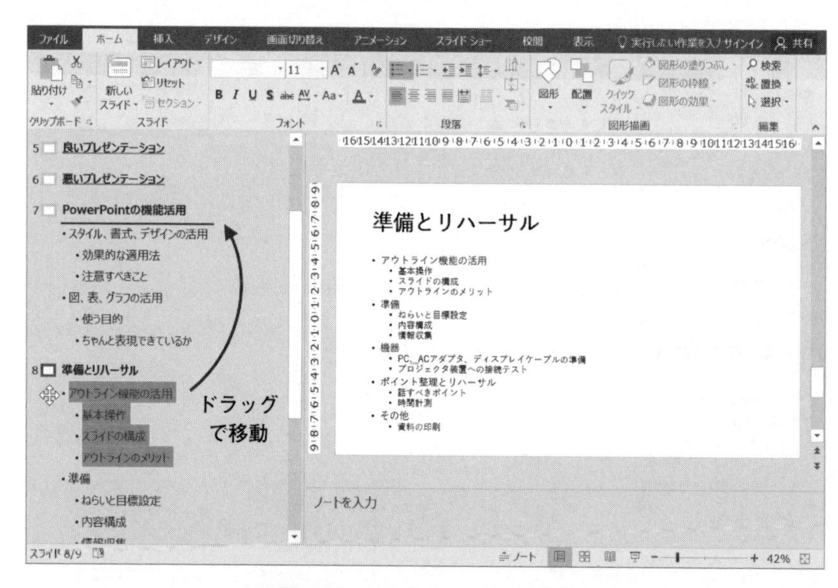

図 14.13 アウトライン項目の移動

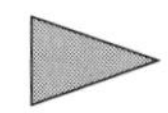

14.4　スライドの仕上げ

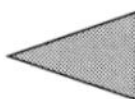

14.4.1　図表の活用と引用

プレゼンテーションでは，背景，問題，根拠，効果などについて説明するために実際のデータを用いることがある。さらに状況や性質について強調したり注目させたりするときはグラフ表示が適している。

それらは言葉だけの説明よりも説得力があり効果的である。なお，他者によって作られたデータを用いる際は，著作権侵害とならぬように適切な引用を行うべきである。また，データの出典を明らかにすることは情報の信憑性を高める意味もあり，これもプレゼンテーションの説得力となる。

図 14.14 は「電子カルテシステムの普及状況」を示すグラフの例である。グラフは視認性に配慮して，サイズ，太さ，色，バランスなどを調整し，話の注目点に関連してデータの一部を強調している。グラフ付近に出典を記載することで著作物の引用を行っている。

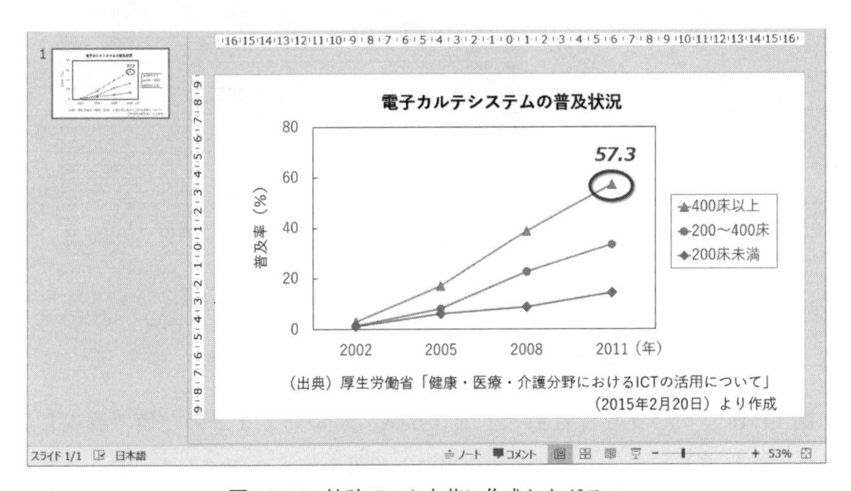

図 14.14　統計データを基に作成したグラフ

14.4.2 情報の詳細さ

データなどの情報は場合によっては量が多く，スライドにそのまま載せるのは無理なケースもある。説明上必要な情報は何であるかを考えて，不要なものは含めないほうがよい。また反対に，除いても説明に支障がないかを考えてみてもよい。単に「参考になるだろうから」，「せっかく作ったデータだから」という理由だけでなく，説明のためのデータとして必要かどうか，また読み取れる形かどうかを検討するとよい。

図 14.15 は「IT パスポート試験合格率」のデータを表にまとめたものである。この例では，フォントサイズを小さくしたため視認性が悪い。また，データが多いので，見て迅速に比較できるという機能性も低い。改善策として，複数のスライドに分割してフォントを大きくするか，比較や特徴がわかりやすくなるようにデータをまとめるなどが考えられる。

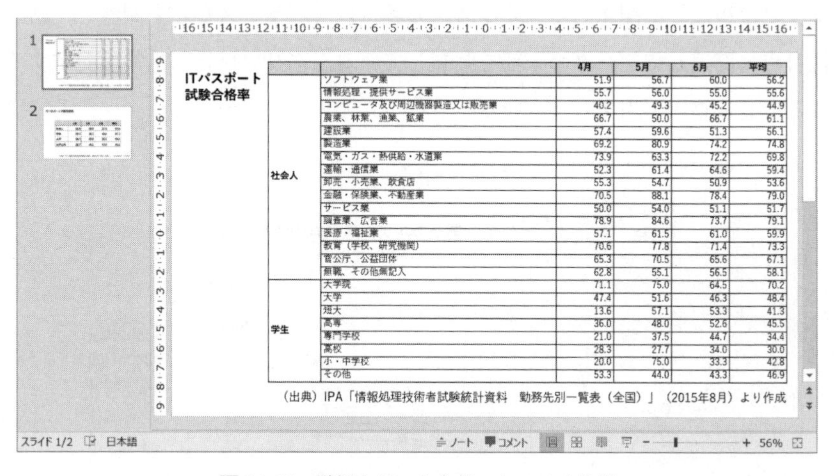

		4月	5月	6月	平均
社会人	ソフトウェア業	51.9	56.7	60.0	56.2
	情報処理・提供サービス業	55.7	56.0	55.0	55.6
	コンピュータ及び周辺機器製造又は販売業	40.2	49.3	45.2	44.9
	農業、林業、漁業、鉱業	66.7	50.0	66.7	61.1
	建設業	57.4	59.6	51.3	56.1
	製造業	69.2	80.9	74.2	74.8
	電気・ガス・熱供給・水道業	73.9	63.3	72.2	69.8
	運輸・通信業	52.3	61.4	64.6	59.4
	卸売・小売業、飲食店	55.3	54.7	50.9	53.6
	金融・保険業、不動産業	70.5	88.1	78.4	79.0
	サービス業	50.0	54.0	51.1	51.7
	調査業、広告業	78.9	84.6	73.7	79.1
	医療・福祉業	57.1	61.5	61.0	59.9
	教育（学校、研究機関）	70.6	77.8	71.4	73.3
	官公庁、公益団体	65.3	70.5	65.6	67.1
	無職、その他無記入	62.8	55.1	56.5	58.1
学生	大学院	71.1	75.0	64.5	70.2
	大学	47.4	51.6	46.3	48.4
	短大	13.6	57.1	53.3	41.3
	高専	36.0	48.0	52.6	45.5
	専門学校	21.0	37.5	44.7	34.4
	高校	28.3	27.7	34.0	30.0
	小・中学校	20.0	75.0	33.3	42.8
	その他	53.3	44.0	43.3	46.9

図 14.15　詳細なデータを使ったスライド例

図 14.16 はデータを「社会人」と「学生」についてまとめた値で表現し，また，注目点として「大学」に的を当てた集計を行った例である。データをまとめることで見やすくなっている。これならデータ中の数値について話をしても「どのデータか」，「値はいくらか」ということが見て読み取れる。

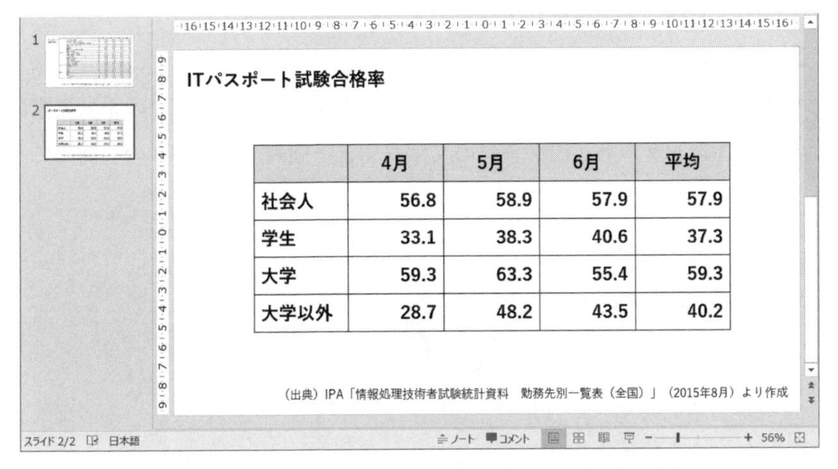

	4月	5月	6月	平均
社会人	56.8	58.9	57.9	57.9
学生	33.1	38.3	40.6	37.3
大学	59.3	63.3	55.4	59.3
大学以外	28.7	48.2	43.5	40.2

図 14.16　要約したデータを使ったスライド例

14.4.3 視認性の調整

スライド内容の視認性は重要なことであり，書かれている文字が読めないものや，区別がつきにくいような図などは，それらの役割を果たさない。

作成したスライドに対して客観的に確認し，視認性を改善するために調整する作業工程を設けるとよい。確認・改善ポイントとして以下のような点が挙げられる。

- **サイズ　…　見やすい大きさにする。**
- **色　…　コントラストを上げる。**
- **バランス　…　間隔などを空けて読みやすくする。**

さらにそれらを安全と思われる範囲まで大きく調整する。このようにはっきりさせる理由として以下のような点が挙げられる。

- **プロジェクタ装置では，PC 画面よりも色の再現性が悪い。**
- **プロジェクタ装置では，細い線，点，薄い色などがわかりにくい。**
- **後部座席の人は視認条件が厳しい。**

また，例えば文章のフォントサイズは 24 ポイント以上にするなどのルールを決めて，それを基準に確認するのもよい。

図 14.17 および**図 14.18** は視認性の改善前と改善後である。この例の改善箇所としては，スライド背景色と内容のコントラスト，円グラフの系列要素間での色のコントラスト，円グラフの文字フォント強調，箇条書きの行間隔のバランスなどである。

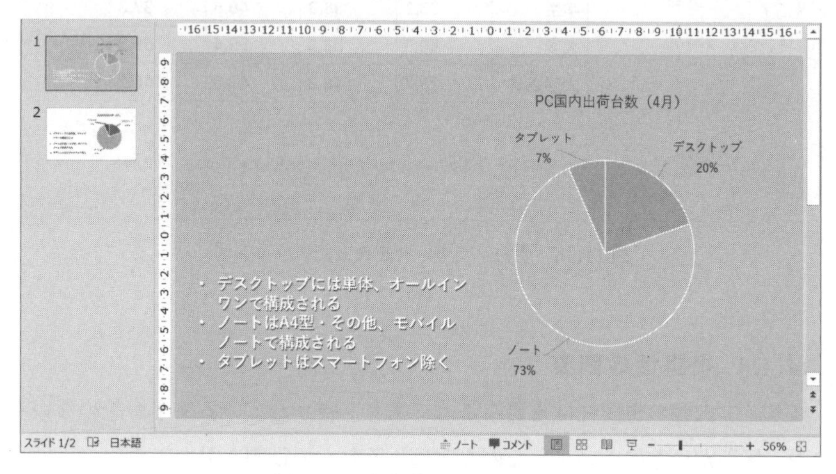

図 14.17　視認性の悪いスライド

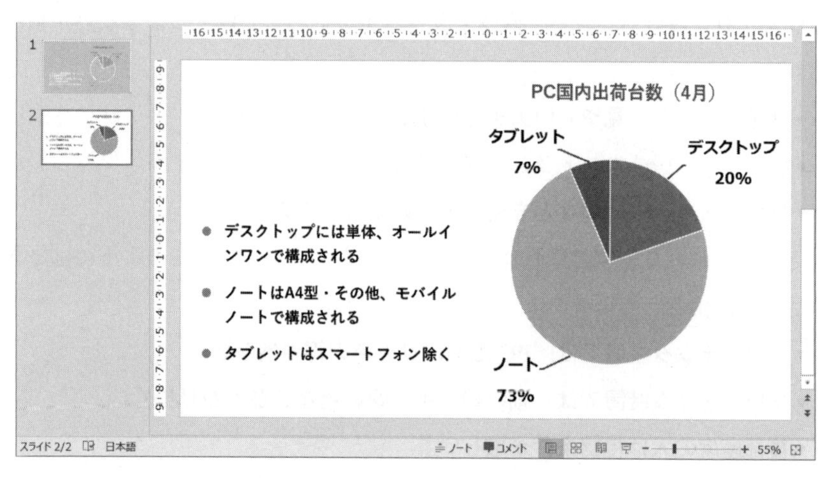

図 14.18　視認性を改善したスライド

15

PowerPoint ― 発表 ―

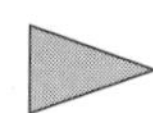

15.1 発表のマナー

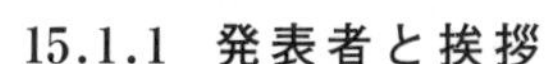

15.1.1 発表者と挨拶

プレゼンテーションは一種のコミュニケーションであり，初対面の人，顧客，上司，目上の人などに対して，常識的かつ適切に振る舞うことが基本である。

発表者が人前に立って話をするという行為は，一つ間違えると人の上からものをいうような感じにもなりかねない。発表では礼儀作法が大切となる。以下に，礼儀にかかわるような気をつけるべき点を挙げる。

- 服装 … スーツ，ネクタイ，ビジネスシューズが望ましい。
- 姿勢 … 直立し，寄りかからず，ポケットに手を入れない。
- しぐさ … 気になるようなしぐさをしない。
- 自己紹介 … 自分の所属と氏名を述べる。
- 挨拶 … 開始時，終了時に挨拶する。
- 言葉遣い … 敬語を使う。
- 資料の表現 … 正しい日本語を使い，専門用語や略語に留意する。
- 時間の厳守 … 定刻に開始できるよう準備し，時間を超過しない。

付け加えて，以下のような点も留意する。

- 乱暴な言い方をしない。
- 差別的な表現をしない。
- うわさや未確認の情報をもっともらしくいわない。
- だれにでもわかるような説明を心がける。

15.1.2 言葉遣い

言葉遣いは丁寧語（**表 15.1**），謙譲語（**表 15.2**），尊敬語（**表 15.3**）を基本とする。これらは簡単に表すとつぎのような用途となる。プレゼンテーションの相手は複数であり，さまざまな立場や年齢の人が混在するが，目上の人に対して話すつもりで意識する。

- **丁寧語　…　「です，ます」などをつけて丁寧にいう。**
- **謙譲語　…　目上の人に対する自分の動作につける。**
- **尊敬語　…　目上の人の動作につける。**

表 15.1　丁寧語の例

普段の言い方	丁寧語
○○だ，○○である	○○です，○○でございます
○○する	○○します
○○がある	○○があります，○○がございます
自分，わたし	わたくし
自分たち，わたしたち	わたしども
今日	本日
さっき	先ほど
あとで	後ほど

表 15.2　謙譲語の例

普段の丁寧な言い方	謙譲語
佐藤と言います	佐藤と申します
発表します	発表いたします
説明します	ご説明いたします
言いますと	申しますと
見ました	拝見いたしました
行きます	参ります，うかがいます
知っています	存じ上げております
居ます	おります
○○します	○○いたします
当社	弊社

表 15.3　尊敬語の例

普段の丁寧な言い方	尊敬語
見てください	ご覧ください
来てください	お越しください
来るときに	いらっしゃるときに
言ってください	おっしゃってください
（相手が）○○する	○○なさる
（相手の）会社	御社

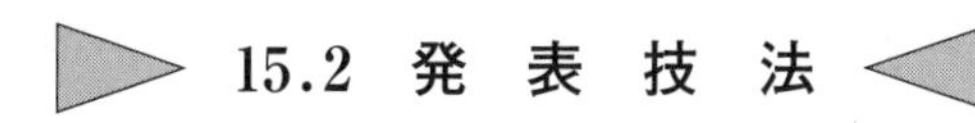

15.2 発　表　技　法

15.2.1　発表概要とまとめ

プレゼンテーションでは，発表のはじめに発表概要を説明し，発表の終わりに話をまとめるのがよいスタイルである。

いきなり内容が始まって突然話が終わるようなものは，あまりよく受けとられない。時間をもらって人前で話す以上，自分がこれから何をするのかを明かすことは一つの礼儀である。また，最後に話をまとめることはプレゼンテーションの効果をより高め，聞き手への思いやりにもなる。

これらにはつぎのような事情やねらいがある。全体的には，聞き手が理解や納得ができ，気分がよくポジティブな状態になるとプレゼンテーションの効果が期待できる。その反対では効果が半減する可能性がある。

［**発表概要について**］

- **自分は何を話すのか熟知しているが，相手は初めて話を聞くので，少しでも話を理解してもらえるよう聞きやすくするための準備を整える。**
- **話に期待させる。**
- **つぎに何の話が出てくるかがわかり，安心して聞けるように予告をする。**
- **話の始まりを丁寧に進めて，よい印象を与える。**

［まとめについて］

- **自分は結論やポイントがわかっているが，相手は1回聞いただけでは何が重要なのか強く記憶できないので，再度言葉に出して反復する。**
- **結論やアピールポイントは何かを再度納得させて記憶に定着させる。**
- **話の終わりを丁寧に進めて，よい印象を与える。**

15.2.2　アピールとレーザーポインター

スライド内容で特に注目してほしい部分を強調することや，どの部分について話しているのかを明確にすることは，相手にとって聞きやすく効果的なプレゼンテーションの一環でもある。

強調方法としてPowerPointのアニメーション効果が活用できる。アニメーションは動きの変化をつける機能であり，それによって注意を引くことができる。

また簡単な方法として，**図15.1**のように図形を活用して強調してもよい。

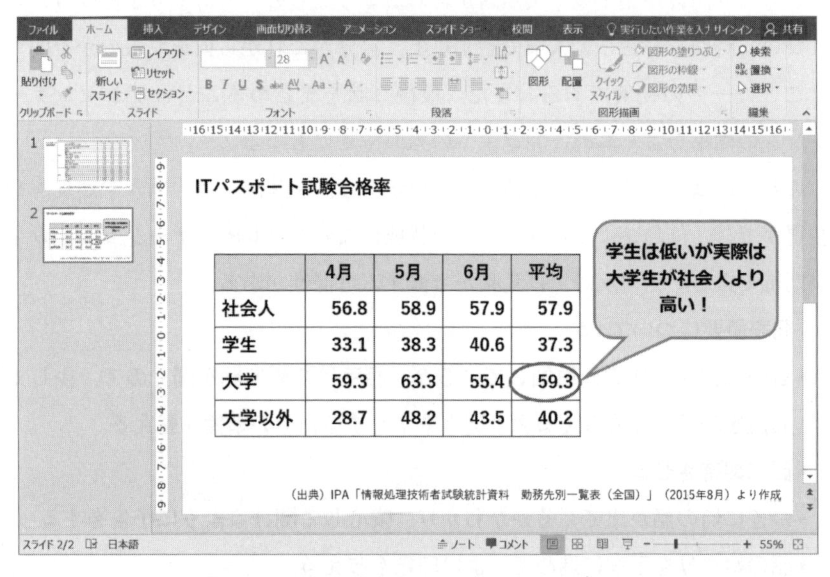

	4月	5月	6月	平均
社会人	56.8	58.9	57.9	57.9
学生	33.1	38.3	40.6	37.3
大学	59.3	63.3	55.4	59.3
大学以外	28.7	48.2	43.5	40.2

図15.1　楕円と吹き出しによる強調とアピール

この例では，注目してもらいたい箇所を赤の楕円図形で囲み，角丸四角形の吹き出し図形によってポイントとなる言葉をアピールしている。このように口頭による話の中に含まれている情報であっても，さらに視覚的に訴えることでより印象づけることができ，相手にも「ここがポイントなのだな」と感じてもらえる可能性も高い。

プレゼンテーションではスクリーン上の要素を指示するために，指示棒や**図 15.2** のようなレーザーポインターなどを活用することがある。スライド上のある部分に注意を向けさせる効果があり，スライドの編集なしにいつでも容易に注目させることができる。

図 15.2　レーザーポインター

レーザーポインター使用時の注意としては，離れた場所に光を当てるので，手元がぶれるとスクリーン上で大きく揺れて見づらくなる。ぶれないような持ち方を練習しておくとよい。また，頻繁に使いすぎると見る側が疲れてしまう可能性もあるので，要所要所で使用するなど考えて使うとよい。

また，PowerPoint にはレーザーポインターを模倣する機能があり，**図 15.3** のように「スライドショー」→「スライドショーの開始」→「開始」ボタンなどでプレゼンテーションを実行しているときに，Ctrl ＋マウスドラッグでスクリーン上にグラフィックのレーザーポインターマークが表示される。これはレーザーポインター装置がなくてもソフトウェアで実現できる機能である。

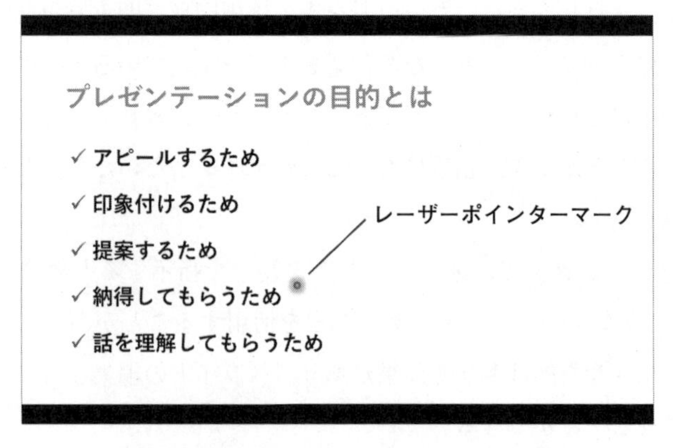

図 15.3　PowerPoint のレーザーポインター機能
（Ctrl+ マウスドラッグ）

15.2.3　発声とリハーサル

プレゼンテーションではマイクを使用することが多いが，言葉をはっきりと印象づけるためにも小さな声で話すことは避けたほうがよい。発声に関してつぎのことに留意する。

［**発声のポイント**］

- **普段の会話などに比べ，やや大きい声で，ややゆっくりと話す。**
- **専門用語などは発声に慣れてしまって早口にならないようにする。**
- **相手にとって聞き慣れない用語をはっきりゆっくり発音する。**
- **語尾の部分が小さな声になっていくような話し方をしない。**
- **滑舌に気をつけ，気になる説明箇所は読み上げの練習をしておく。**
- **マイクの装着位置や向きに留意する。**
- **マイクを使用しない際は相手のほうを向いて大きく発声する。**

発表前にはなるべくリハーサルをしたほうがよい。リハーサルは単に練習することだけでなく，言葉遣いで言いにくい箇所や，言い方のおかしな箇所を確認することにも役立つ。また，スライドの文言について，読み上げてみて初めておかしな点に気がつくケースもあり，手法を変えた確認作業でもある。

さらに，リハーサルによって実際に時間を計測してみることで制限時間に発表を収められるかを試すことができる。発表時間はプレゼンテーションにおいて重要なことである。

複数の発表テーマで構成されることが多い研究発表などでは，スムーズな進行のためにタイムキーパーによってベルが鳴らされる場合がある。発表者はそれを確認し，必要に応じて時間調整を行いながら発表を続ける。以下に発表時間およびベルを鳴らす例を挙げる（**図 15.4**）。

［**研究発表における経過時間伝達例**］

- **発表終了 2 分前　　　ベル 1 回（予鈴）**
- **発表終了時　　　　　ベル 2 回（本鈴）**
- **質疑応答終了時　　　ベル 3 回（終鈴）**

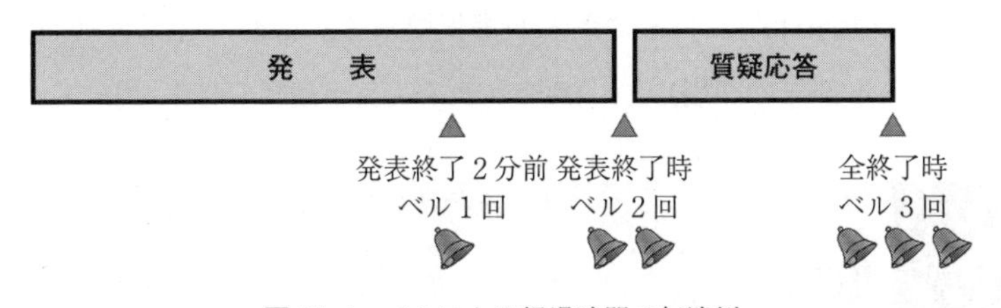

図 15.4　ベルによる経過時間の伝達例

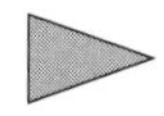

15.3　配布資料の留意点

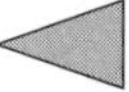

15.3.1　スライドの印刷配布

スライド資料をそのまま印刷して配布資料として相手に配ることがある。相手はスクリーンのスライド内容をすべて記憶できるわけではないので，スライドの配布資料は，手元に残る情報として有効である。これにはつぎのようなメリットがある。

［**スライド資料配布のメリット**］

- **特に小さな文字や詳細データのスライドを含む場合に有効である。**
- **発表中に，手元のスライド資料をさかのぼって確認できる。**

- 質疑応答時に，手元のスライド資料で内容確認できる。
- 聞きながら話の内容をメモする労力が低減できる。
- 内容を十分に相手に伝えることができる。
- 手元に残る資料として役に立つ。

15.3.2　縮小印刷と白黒印刷

PowerPointの印刷機能では，スライドを印刷する際，用紙1ページ当りに複数のスライドをレイアウトした縮小印刷ができる。

図15.5および**図15.6**のように「印刷」→「設定」において用紙1ページに「フルページのスライド」(最大サイズで1スライドをレイアウト)，「1スライド」，「2スライド」，「3スライド」，「4スライド」，「6スライド」，「9スライド」などの縮小印刷のレイアウトが選択できる。ほかにも「ノート」(1スライドとノート部分の印刷）や「アウトライン」が選択できる。

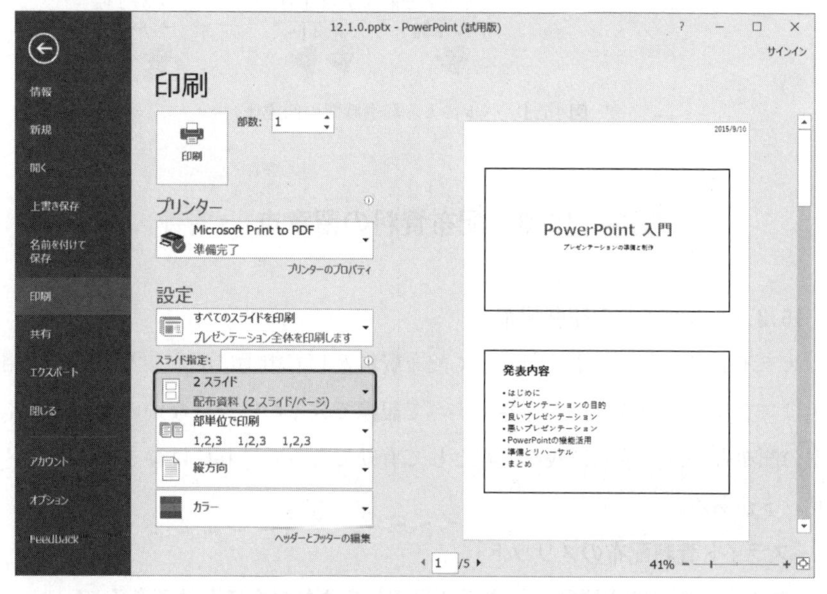

図15.5　縮小印刷（2スライド/ページ）

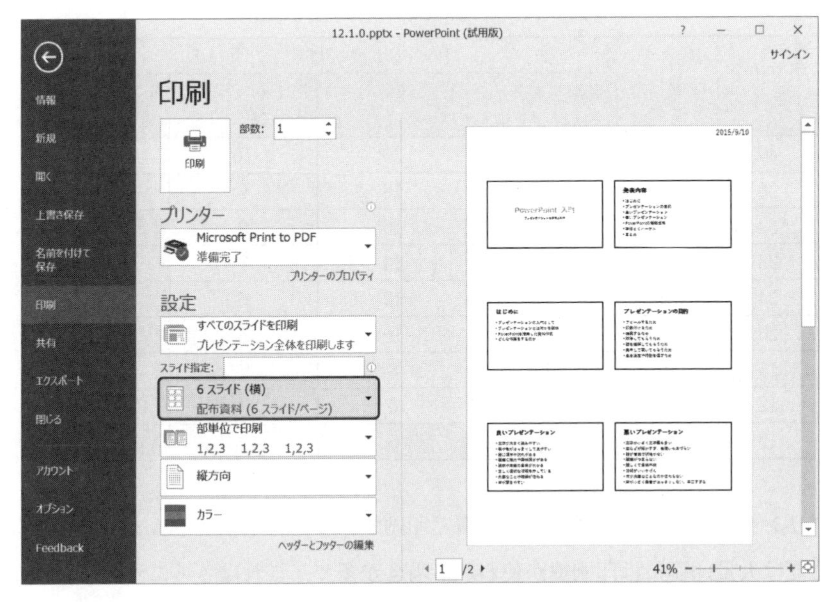

図 15.6　縮小印刷（6 スライド / ページ）

複数のスライドを 1 ページに印刷する場合，スライド内容が縮小されても読めるかどうか確認する必要がある。もともと大きめのフォントサイズでスライドを作成すれば，縮小印刷もしやすいというメリットがある。

表 15.4 は，目安として縮小印刷時にどの程度小さくなるのか，おおよその印刷サイズを示したものである。比較基準として Word による印刷サイズを載せてある。Word ではほぼ 100 % のスケールで印刷される。なお，PowerPoint では標準でフルサイズ / ページで印刷した場合は A4 横の印刷となり，それ以外は A4 縦の印刷となる。

実際にどれくらいのポイント数なら縮小印刷しても読めるのか見積もってみる。例えば，紙の資料において読むことができる最小サイズを 6 ポイントとして，A4 縦用紙 1 ページ当りスライド 4 枚で印刷する場合，スライド上に入力する文字サイズは 24 ポイントが限度となる。

ただし，印刷結果の視認性はプリンタの印字解像度に左右される。さらに，

表15.4　縮小印刷時のフォントサイズ

実フォントサイズ	Word で印刷したサイズ	PowerPoint で印刷したサイズ			
		フルサイズ/ページ(A4横)	1，2スライド/ページ	3，4，6スライド/ページ	9スライド/ページ
40	40	34	20	10	6
36	36	31	18	9	6
32	32	27	16	8	5
28	28	24	14	7	4
24	24	20	12	6	4
20	20	17	10	5	3
16	16	14	8	4	2
12	12	10	6	3	2
10	10	9	5	2	2

プリンタで印刷した資料をコピー機で印刷すれば劣化が生じる。また，学校などでは大量印刷には印刷機が使われる場合が多く，これはさらにサイズおよび色の両方において解像度が低く劣化が大きい。

スライドを印刷配布する際，白黒印刷することがある。特に図・グラフにおいて色分けをしている場合は，白黒印刷でも区別できるか確認すべきである。

PowerPoint の印刷画面では，つぎの2種類の方法で白黒印刷ができ，画面上でもどのように白黒化されるのか印刷プレビューで確認できる。

［PowerPoint の白黒印刷の種類］

- **グレースケール … 中間色はグレーになる。**
- **単純白黒 … 画像では中間色はグレー，図形では塗りつぶしは白，文字は黒，グラフは塗りつぶしパターンを使用。**

図15.7の「グレースケール」はカラーを自然なグラデーションで白黒にする機能である。印刷で問題がなければこちらのほうが白黒でもスクリーン表示に近く違和感も少ない。

図15.8の「単純白黒」では，文字や図形（画像ではない）の色において，コントラストを高めるように白と黒に置き換えられ，グラフでは塗りつぶしパターン（べた塗り，斜線，ドットパターンなど）が使用される場合がある。複

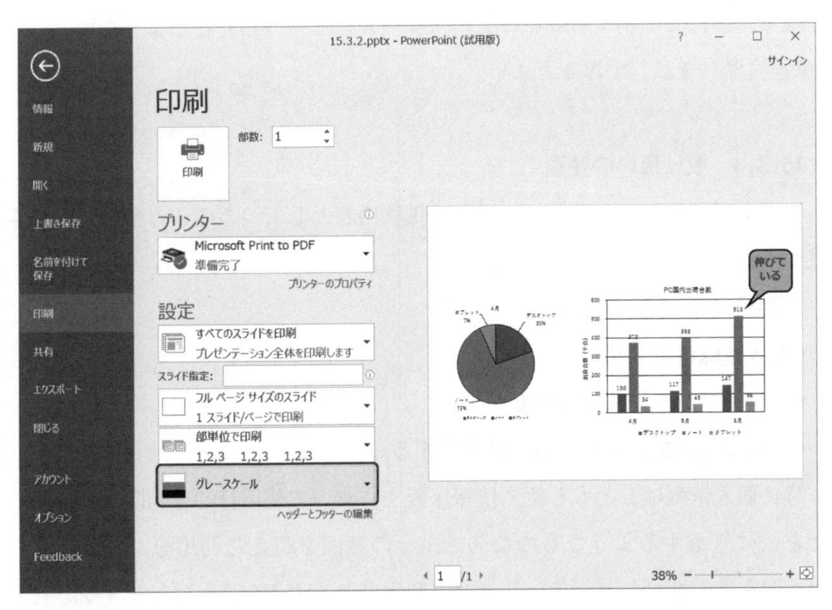

図 15.7　グレースケールの印刷プレビュー

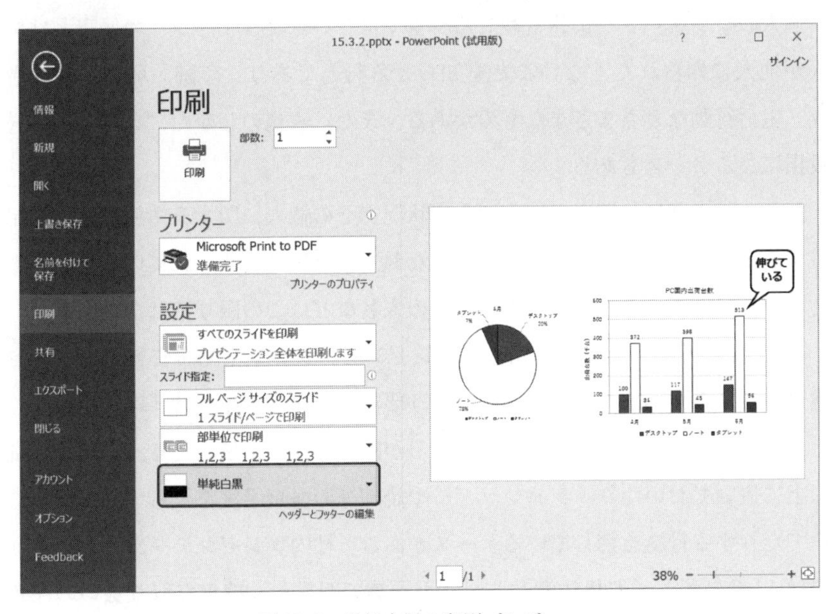

図 15.8　単純白黒の印刷プレビュー

写機や印刷機で印刷する際にグレースケールだと見づらくなるような場合は，「単純白黒」を試してみるとよい。

15.3.3　取り扱いの注意

資料を印刷配布する際，スライドの情報内容としてつぎのような注意すべき点がある。

［資料配布の注意事項］

- **個人情報は載せない。**
- **プライバシー情報は載せない。**
- **社外秘や取扱注意の情報には留意する。**

特に個人情報はもともと個人情報保護法において使用目的を制限していることを公に宣言するようなものなので，その範囲を超えた利用をしてはならない。個人情報をプレゼンテーションで利用できるようなことは，まずないと考えてよい。

個人のプライバシー情報も載せるべきではない。プライバシーの侵害とは個人が他人に知られたくないことを知らせる行為であり，年齢，職業，家族構成，生活行動などさまざまなものがある。また，表現のしかたによっては名誉毀損になるケースもある。

これらのように，個人が特定できる状況でその個人に関する情報や表現を記載することは極力避けるべきである。なお，すでに公に知られているような人物名やその役職，著作物の引用のための人名などはこの限りではない。

また，「社外秘」などの情報も，プレゼンテーションや配布資料といった形態にかかわらず外部の人へ伝達せぬよう要注意である。中には「取扱注意」という情報もあり，資料として配布はするが内容を他人に伝えたり，不用意に机の上に置いておいたり，シュレッダーや焼却等の廃棄手段をとらずにゴミ箱に捨てたりする行為を禁じているケースがある。社内プレゼンテーションを行う際は，「社外秘」，「取扱注意」といった言葉で明言し，確実な取り扱いの注意を行う。

索　　引

——著者略歴——

1987年　北海道工業大学工学部電気工学科卒業
1987年　北海道総合電子専門学校教師
2008年　北海道工業大学講師
2014年　北海道科学大学講師（名称変更）
　　　　現在に至る

　　　　実用的ソフトウェア開発や教育支援
　　　　システム開発の研究に従事。

情報処理入門
——学士力のための IT 基礎スキル（Windows 10/Office 2016）——
Introduction to Information Processing
—— Information Technology Basic Skills for the Bachelor's Competences
(Windows 10/Office 2016) ——

© Yuuji Fukai 2016

2016年 2月26日　初版第1刷発行　★

検印省略

著　者　深井裕二（ふかい ゆうじ）
発行者　株式会社　コロナ社
　　　　代表者　牛来真也
印刷所　萩原印刷株式会社

112-0011　東京都文京区千石 4-46-10
発行所　株式会社　**コロナ社**
CORONA PUBLISHING CO., LTD.
Tokyo Japan
振替 00140-8-14844・電話(03)3941-3131(代)
ホームページ http://www.coronasha.co.jp

ISBN 978-4-339-02856-0　（中原）　（製本：愛千製本所）
Printed in Japan

本書のコピー，スキャン，デジタル化等の無断複製・転載は著作権法上での例外を除き禁じられております。購入者以外の第三者による本書の電子データ化及び電子書籍化は，いかなる場合も認めておりません。

落丁・乱丁本はお取替えいたします